電子・デバイス部門
- 量子物理
- 固体電子物性
- 半導体工学
- 電子デバイス
- 集積回路
- 集積回路設計
- 光エレクトロニクス
- プラズマエレクトロニクス

新インターユニバーシティシリーズのねらい

編集委員長　稲垣 康善

　各大学の工学教育カリキュラムの改革に即した教科書として，企画，刊行されたインターユニバーシティシリーズ*は，多くの大学で採用の実績を積み重ねてきました．

　ここにお届けする新インターユニバーシティシリーズは，その実績の上に深い考察と討論を加え，新進気鋭の教育・研究者を執筆陣に配して，多様化したカリキュラムに対応した巻構成，新しい教育プログラムに適し学生が学びやすい内容構成の，新たな教科書シリーズとして企画したものです．

*インターユニバーシティシリーズは家田正之先生を編集委員長として，稲垣康善，臼井支朗，梅野正義，大熊繁，縄田正人各先生による編集幹事会で，企画・編集され，関係する多くの先生方に支えられて今日まで刊行し続けてきたものです．ここに謝意を表します．

新インターユニバーシティ編集委員会

編集委員長	稲垣 康善	（豊橋技術科学大学）
編集副委員長	大熊 繁	（名古屋大学）
編集委員	藤原 修	（名古屋工業大学）[共通基礎部門]
	山口 作太郎	（中部大学）[共通基礎部門]
	長尾 雅行	（豊橋技術科学大学）[電気エネルギー部門]
	依田 正之	（愛知工業大学）[電気エネルギー部門]
	河野 明廣	（名古屋大学）[電子・デバイス部門]
	石田 誠	（豊橋技術科学大学）[電子・デバイス部門]
	片山 正昭	（名古屋大学）[通信・信号処理部門]
	長谷川 純一	（中京大学）[通信・信号処理部門]
	岩田 彰	（名古屋工業大学）[計測・制御部門]
	辰野 恭市	（名城大学）[計測・制御部門]
	奥村 晴彦	（三重大学）[情報・メディア部門]

通信・信号処理部門
- 情報理論
- 確率と確率過程
- ディジタル信号処理
- 無線通信工学
- 情報ネットワーク
- 暗号とセキュリティ

新インターユニバーシティ

電気・電子計測

田所 嘉昭 編著

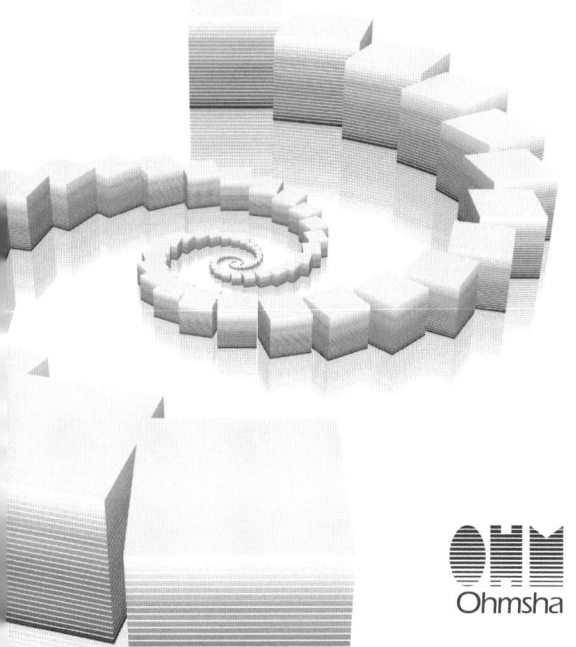

Ohmsha

「新インターユニバーシティ 電気・電子計測」
執筆者一覧

編著者	田所　嘉昭（豊橋技術科学大学）	[序章，1章]
執筆者 (執筆順)	穂積　直裕（愛知工業大学）	[2, 3章]
	内山　剛（名古屋大学）	[4, 5, 6章]
	齋藤　努（豊田工業高等専門学校）	[7, 10章]
	三浦　純（豊橋技術科学大学）	[8, 9章]
	岩波　保則（名古屋工業大学）	[11章]
	中内　茂樹（豊橋技術科学大学）	[12章]

本書を発行するにあたって，内容に誤りのないようできる限りの注意を払いましたが，本書の内容を適用した結果生じたこと，また，適用できなかった結果について，著者，出版社とも一切の責任を負いませんのでご了承ください．

本書は，「著作権法」によって，著作権等の権利が保護されている著作物です．本書の複製権・翻訳権・上映権・譲渡権・公衆送信権（送信可能化権を含む）は著作権者が保有しています．本書の全部または一部につき，無断で転載，複写複製，電子的装置への入力等をされると，著作権等の権利侵害となる場合があります．また，代行業者等の第三者によるスキャンやデジタル化は，たとえ個人や家庭内での利用であっても著作権法上認められておりませんので，ご注意ください．

本書の無断複写は，著作権法上の制限事項を除き，禁じられています．本書の複写複製を希望される場合は，そのつど事前に下記へ連絡して許諾を得てください．

出版者著作権管理機構
（電話 03-5244-5088, FAX 03-5244-5089, e-mail: info@jcopy.or.jp）

JCOPY ＜出版者著作権管理機構　委託出版物＞

目　次

序章　電気・電子計測の学び方
1　電気・電子計測とは …………………………………………… 1
2　計測の歴史と発展 ……………………………………………… 2
3　計測の応用 ……………………………………………………… 2
4　計測の基礎と展開 ……………………………………………… 6
5　本書の構成 ……………………………………………………… 6
6　本書の学び方 …………………………………………………… 7

1章　計測の基礎
1　どのような計測法があるか …………………………………… 9
2　測定値は正しいだろうか ……………………………………… 12
3　測るときの単位を調べよう …………………………………… 16
まとめ ……………………………………………………………… 18
演習問題 …………………………………………………………… 18

2章　電気計測（1）直流
1　偏位法と零位法について学ぼう ……………………………… 20
2　指示計器 ………………………………………………………… 21
3　可動コイル形電流計による直流電流の計測 ………………… 21
4　理想の電流計と現実の電流計の違いを知ろう ……………… 23
5　分流器を用いた，より大きな電流の測定 …………………… 24
6　直流電流計による直流電圧の測定 …………………………… 24
7　電圧降下法の特長を知ろう …………………………………… 26
8　回路計（テスタ）を用いて抵抗を測定しよう ……………… 27
9　零位法を用いて電圧・抵抗を計ろう ………………………… 28
まとめ ……………………………………………………………… 31
演習問題 …………………………………………………………… 31

3章　電気計測（2）交流
1　交流波形を表すパラメータについて学ぼう ………………… 32
2　整流形電流計の特徴を知ろう ………………………………… 33

目　　次

　3　可動鉄片形電流計の原理と特徴を知ろう ………………………… *34*
　4　電流力計形計器による実効値の測定 ……………………………… *35*
　5　交流電力を測定しよう ……………………………………………… *36*
　6　三相交流電力の測定について知ろう ……………………………… *38*
　7　熱電形計器の原理を知ろう ………………………………………… *38*
　8　積算電力計の原理を知ろう ………………………………………… *39*
　9　交流ブリッジ回路でインピーダンスを測定しよう ……………… *40*
　　まとめ ………………………………………………………………… *42*
　　演習問題 ……………………………………………………………… *42*

4章　センサの基礎を学ぼう

　1　センサとは？ ………………………………………………………… *43*
　2　センサの役割を学ぼう ……………………………………………… *44*
　3　センサの種類と原理を知ろう ……………………………………… *45*
　4　センサ用電子回路を理解しよう …………………………………… *49*
　　まとめ ………………………………………………………………… *52*
　　演習問題 ……………………………………………………………… *53*

5章　センサによる物理量の計測（1）

　1　電界を計測しよう …………………………………………………… *54*
　2　磁界を計測しよう …………………………………………………… *56*
　3　さまざまな光計測について知ろう ………………………………… *58*
　4　温度を計測しよう …………………………………………………… *61*
　　まとめ ………………………………………………………………… *63*
　　演習問題 ……………………………………………………………… *63*

6章　センサによる物理量の計測（2）

　1　圧力を計測しよう …………………………………………………… *65*
　2　位置を計測しよう …………………………………………………… *68*
　3　加速度を計測しよう ………………………………………………… *70*
　4　速度を計測しよう …………………………………………………… *71*
　　まとめ ………………………………………………………………… *73*
　　演習問題 ……………………………………………………………… *73*

目　次

7章　計測値の変換
1. アナログ量を変換する方法を知ろう ………………………………………… *75*
2. アナログとディジタルの変換の意味を学ぼう ……………………………… *77*
3. D-A 変換について学ぼう ……………………………………………………… *78*
4. A-D 変換について学ぼう ……………………………………………………… *80*
   まとめ ……………………………………………………………………………… *84*
   演習問題 …………………………………………………………………………… *84*

8章　ディジタル計測制御システムの基礎
1. 計算機の基本的なしくみを学ぼう …………………………………………… *85*
2. 外部機器とのデータのやりとりについて知ろう …………………………… *90*
3. 計算機によるディジタル計測制御システムの構成法 ……………………… *93*
   まとめ ……………………………………………………………………………… *94*
   演習問題 …………………………………………………………………………… *94*

9章　ディジタル計測制御システムの応用
1. ロボット制御系はどのように構成されるだろうか ………………………… *95*
2. ロボットで使われるセンサを知ろう ………………………………………… *96*
3. ロボットで使われるアクチュエータを知ろう ……………………………… *99*
4. 具体的なロボット制御系の構成を学ぼう …………………………………… *101*
   まとめ ……………………………………………………………………………… *105*
   演習問題 …………………………………………………………………………… *105*

10章　電子計測器
1. さまざまな指示計器を計測対象ごとに学ぼう ……………………………… *106*
2. オシロスコープなどを用いて波形を表示させよう ………………………… *110*
3. 波形分析装置のしくみを知ろう ……………………………………………… *116*
   まとめ ……………………………………………………………………………… *118*
   演習問題 …………………………………………………………………………… *118*

11章　測定値の伝送
1. 有線による測定値の伝送 ……………………………………………………… *119*
2. 無線による測定値の伝送 ……………………………………………………… *126*
3. 伝送制御手順と誤り制御 ……………………………………………………… *129*

  まとめ ………………………………………………………………… *130*
  演習問題 ……………………………………………………………… *131*

12章　光計測とその応用

 1 光の波長成分にはどのような意味があるのだろう ……………… *132*
 2 光の波長成分を取り出すには ……………………………………… *134*
 3 目には見えない光（赤外光）について知ろう …………………… *137*
 4 近赤外光を用いた非破壊分析 ……………………………………… *140*
  まとめ ………………………………………………………………… *144*
  演習問題 ……………………………………………………………… *145*

参考図書 ………………………………………………………………………… *146*
演習問題解答 …………………………………………………………………… *147*
索　　引 ………………………………………………………………………… *156*

コラム一覧

- 計測，測定，計量とは？ ……………………………………………… *1*
- 障害者を支援しよう！ ………………………………………………… *8*
- dBとは ………………………………………………………………… *14*
- 指針の動き ……………………………………………………………… *30*
- MEMS …………………………………………………………………… *46*
- 光と偏光面 ……………………………………………………………… *55*
- 不純物半導体とキャリヤ ……………………………………………… *57*
- ディジタル計測制御システムのためのワンチップマイコン ……… *103*

序章
電気・電子計測の学び方

　本章は，本論に入る前のウォーミングアップにあたる．本書の内容がどのようなものかをおおよそ理解し，どのような心構えで学ぶかを習得する．電気・電子計測は，身の回りのものから宇宙に関するものまであらゆる分野で利用され，今後もこれらの技術は必ず必要とされるであろう．問題意識をもって本書を学び，その基礎を身に付けて，発展力を養うことを期待する．

　なお，本書は，「インターユニバーシティ」シリーズの「計測・センサ工学」（電子計測に相当）を改訂したものである．「新インターユニバーシティ」シリーズにおいては，「計測」に関係するものは本書のみであることから，電気計測に関する基本的な事項を追加した．また，前シリーズから10年が経過していることより，内容を最新のものに変更するように努力した．さらに，1章が1回の講義内容になるようにした点が主な改訂点である．

1　電気・電子計測とは

　簡単にいえば，電気工学に関係する計測が電気計測，電子工学に関係する計測が電子計測ということになる．それらの内容を一緒にまとめたのが電気・電子計測である．計測の概念は，図1に示すように，計量と測定の概念を包含するものであり，われわれの生活とは切っても切れないものである．

■ 計測，測定，計量とは？ ■

JIS（Japanese Industrial Standard）の計測用語によると，以下のようにある．

計測（instrumentation）：何かの目的をもって，事物を量的にとらえるための方法，手段を考究し，実施し，その結果を用いること．

測定（measurement）：ある量を，基準として用いる量（単位）と比較して，数値または符号を用いて表すこと．

計量：公的に取り決めた標準を基礎とする計測．

これらがカバーする範囲の関係を図示する．

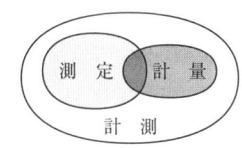

● 図1　計測，測定，計量の関係 ●

❷ 計測の歴史と発展

人間がこの地球上で営みを始めて以来，われわれはすでに計測を始めていたはずである．例えば，共同で収穫した物を平等に分配するためには，収穫物の量を測定し（ある基準になるもの，例えば枡を利用して何杯あるかを測定），一人当たりの量を計算して，平等に分配していたと思われる．

太閤検地（1582～1598年）でも，統一した基準を用いて土地を測量して石高制を確立し，封建領主の土地所有と小農民の土地保有とが全国的に確立された．

そして時代とともに測定対象物も細胞レベルのミクロなものから宇宙規模のマクロのものまでと広がり，さらに測定しただけでなく，測定結果に基づいて測定法を変更するなど自動制御の技術を取り入れたり，対象物をある目的の状態にするために制御法を変えるなど，制御を含めた技術へと発展してきている．

❸ 計測の応用

ここでは，いくつかの応用例を紹介し，電気・電子計測がどのように使われているかみてみよう．そして，以下にあげた事例が実際にどのような技術を用いて実現されているかを，1章以降を勉強することで理解してほしい．以下にあげた事例がどのようにして実現されるのかという問題意識をもってほしい．

〔1〕 自動炊飯器

図2に示すように，昔は薪でご飯を炊いていた．上手に炊くために次のような飯炊き憲法のようなものがあった．「始めちょろちょろ中ぱっぱ，ぶつぶつううころ，火を止めて，赤ん坊泣いても蓋取るな」というものである．もしかして，キャンプなどをしたときに年輩の人にこんなことを聞いた人もいるかもしれな

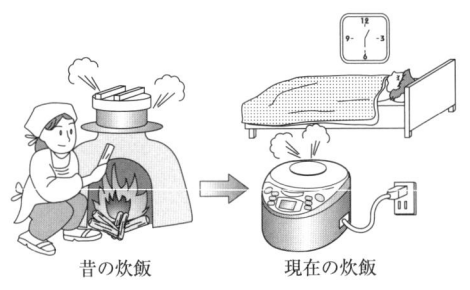

● 図2　炊飯法の変化 ●

い．昔の飯炊きは，人間の五感（視覚，聴覚，触覚，臭覚，味覚）をフルに発揮して，よりおいしい飯を炊くようにしていた．この経験的に学習した結果が，以上の飯炊き憲法になったものと思われる．

　現在，ほとんどの家庭で使われている自動炊飯器は，人間の五感の代わりにいろいろなセンサを使い，その情報をマイクロコンピュータに取り込んで，火加減を調整して，いかにおいしいご飯を炊くか，個人の好みに合ったご飯が炊けるか，いろいろな工夫がなされている．この制御動作をフローチャートに書き表したら，何と820の動作になっていると，耳にしたことがある．一体どのような制御が行われているのだろうか．

〔2〕 **自動車**

　本来，自動車は機械技術が基本であるが，最近の自動車は，経済性，快適性，低公害性，安全性を実現するために電気・電子計測技術が必須技術になっている．マイクロコンピュータによるエンジンの電子制御化で経済性と低公害性を実現している．また，安全性のためのアンチロックブレーキ（ABS），エアバック，ナビゲーションシステムなどが使われている．このために使われているセンサをあげてみると，温度センサ，圧力センサ，角度センサ，流量センサ，回転センサ，加速度センサ，ヨーレートセンサ，光センサ，磁気センサ，近接センサ，距離センサなどがあげられる．そして，これらのセンサからの多量の信号の伝送を自動車という制限された空間で実現するため，少ない配線でこれを実現する多重伝送システムが使われている．また，自動車には約30個ものマイクロコンピュータが使われている．

　これらの技術を用いて自動車の制御は，人間の五感では対応しきれないような高速な制御を可能にしている．具体的にはどのようにしているのだろうか．

〔3〕 **天気予報**

　今日家を出てくる時は薄曇りの状態であったが，天気予報では，東海地区に雷注意報が出されていた．大学に来て11時ごろに予報どおり雷が鳴り出した．このような予報ができるようになったのも，いろいろな大気の状態の計測とその計測結果を利用した天気予報技術の進歩のおかげである．われわれは，この天気予報によって，ある程度の対策が取れるようになった．それでは，大気の状態の計測はどのように行われているのだろうか．

〔4〕 月探査機

2007年9月14日，月探査機「かぐや（Selene）」を載せた国産のH2Aロケット機が種子島宇宙センターから打ち上げられた．この「かぐや」の外観を図3に示す．「かぐや」は月の上空約100 kmを回る主衛星と二つ子衛星（リレー衛星とVRAD衛星）から成り立っていて，15種類の観測機器を使用して，表1に示すような6の観測ミッションをもっている．この打上げにおいても種々の計測結果を基に適切な制御を行って，衛星を目的の月の円軌道に乗せている．また，これから本格的な月の測定を行うことによって，月の成り立ちや地球との関係など興味ある情報をわれわれにもたらしてくれるものと期待される．そして，今後，月面着陸機や探査用ロボットも開発し，近い将来，月を直接探査することも計画されている．

これらに関する技術も計測に深く関係している．そして，これらの技術はわれわれの手の届かない技術ではなく，「かぐや」に続けと，東京大学や大阪府立大学，九州大学など六つの大学の学生が月に探査機を送る計画を検討している．2003年には東京大学と東京工業大学で，質量約1 kgの超小形衛星を打ち上げている．六つの大学の学生達が計画している探査機は質量100 kg程度で，他の衛星を載せるH2Aロケットに相乗りして打ち上げ，月を周回しながら，月面や地球の観測をする．

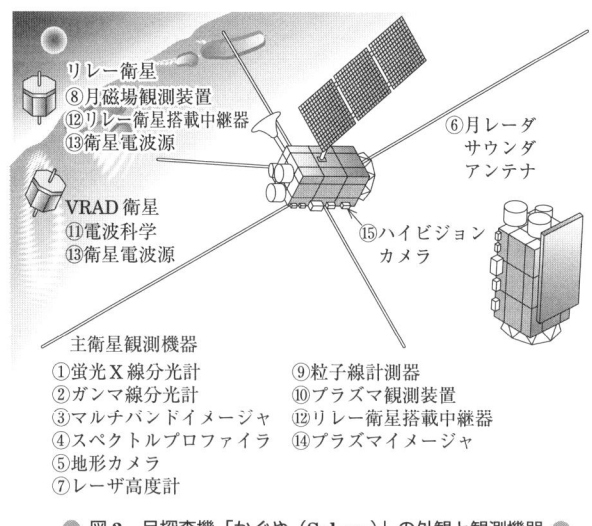

● 図3　月探査機「かぐや（Selene）」の外観と観測機器 ●

● 表1　月探査機「かぐや」の観測ミッションと目的 ●

観測ミッション	調査するもの	わかること
(1) 月の表面を調べる		
①蛍光X線分光計	・月表面の元素分布	・月はどんな物質でできているか
②ガンマ線分光計	・月表面の元素分布	
③マルチバンドイメージャ	・月表面の写真の色の違いから岩石の分布	・月の中身はどうなっているか
④スペクトルプロファイラ	・より詳しい岩石の種類	
(2) 月の地形，地下のつくりを調べる		・月の表と裏の違いはなぜか
⑤地形カメラ	・ステレオ写真から月の地形	
⑥月レーダサウンダ	・月の地下2〜5kmまでの地層や断層	・月にマグマの海はあったのか
⑦レーザ高度計	・月の地形と標高より地図を作成	・月が今のような地形になった理由
(3) 月の環境を調べる		
⑧月磁場観測装置	・月の詳しい磁場	・月の磁場はどうなったのか
⑨粒子線計測器	・月表面への宇宙線と火山活動	
⑩プラズマ観測装置	・月のまわりのプラズマ	・月面のプラズマ環境はどうなっているのか
⑪電波科学	・月にある弱い電離層	
(4) 月の重力分布を調べる		
⑫リレー衛星搭載中継器	・月の裏側の重力分布	・地球は太陽からどんな影響を受けているのか
⑬衛星電波源	・月の裏側のより詳しい重力分布	
(5) 月から地球を調べる		
⑭プラズマイメージャ	・地球のオーロラなどを撮影	
(6) 月と地球を鮮明に撮影		
⑮ハイビジョンカメラ	・月面上での「地球の出」などを撮影	

　われわれもこのような夢のある研究をしてみたくはないだろうか．そのためには，どのような技術を学べばよいのだろうか．

〔5〕　その他の例

　以上にあげたほかにも枚挙のいとまがないくらいに，計測技術が使われているものは多い．思いつくままに記述してみる．人間が来ると感知して電灯が点灯する自動点灯システム，針もないのにすてきな音を出すCDプレーヤ，テレビやルームエアコンのリモートスイッチ，商品の値段を自動的に読み取るバーコードリーダ，特定の人やお札を正しく認識するキャッシュディスペンサ，無人化を実現している工場のロボット，新幹線のATC（automatic train control），飛行機の自動着陸システムなど，いくらでもあげられる．

4 計測の基礎と展開

　本書を学ぶために必要な基礎知識としては，大学 1 年か 2 年のレベルの基礎知識があればよい．初めて出会う事項やわからないことに出会ったら，本シリーズの他の教科書などで自ら勉強していけばよい．

　この「電気・電子計測」は，計測に関係する科目であるが，上記の応用例で示したように，ある目的を実現するためには，計測 - 信号処理 - 制御といった一連の流れが必要であり，本書でもこのようなシステムをつくるための基礎力とその発展力を習得してもらうように工夫したつもりである．しかし，紙面の都合上，信号処理，制御については十分な記述ができなかった．これに関しては，本シリーズの「ディジタル信号処理」，「システムと制御」などを参考にしてほしい．

5 本書の構成

　1 章は，その後の章のための計測全般についての基礎になる事項をまとめている．2 章，3 章は電気工学に関係する電気計測の基礎事項を記述している．4 章から 6 章は，人間でいえば，五感（視覚，聴覚，触覚，臭覚，味覚）に相当するセンサについてまとめている．先の「かぐや」においてもまずセンサで種々の物理量を測定している．このようにして測定されたデータを適当な大きさやディジタル量に変換する部分を担当するのが，7 章の計測値の変換である．ここでは，ディジタル量からアナログ量への変換についても記述している．8 章と 9 章は，ディジタル計測制御に関する章で，ロボットを制御することを例にして取り上げている．これらの章が制御に関する部分を担当している．10 章は，身近な電子計測器に関して，その原理などを説明している．場合によってはセンサと同様な役目をする．11 章は，例えば，「かぐや」で測定された情報を地球に送るために，あるいは逆に地球から「かぐや」の制御や，指示を出すために必要になる測定値の伝送に関することを記述している．そして，最後の 12 章は，以上の章のまとめとして，光計測を例にとり，電気・電子計測の具体例を示している．

　これらの章の関係を**図 4** にブロック図で示した．

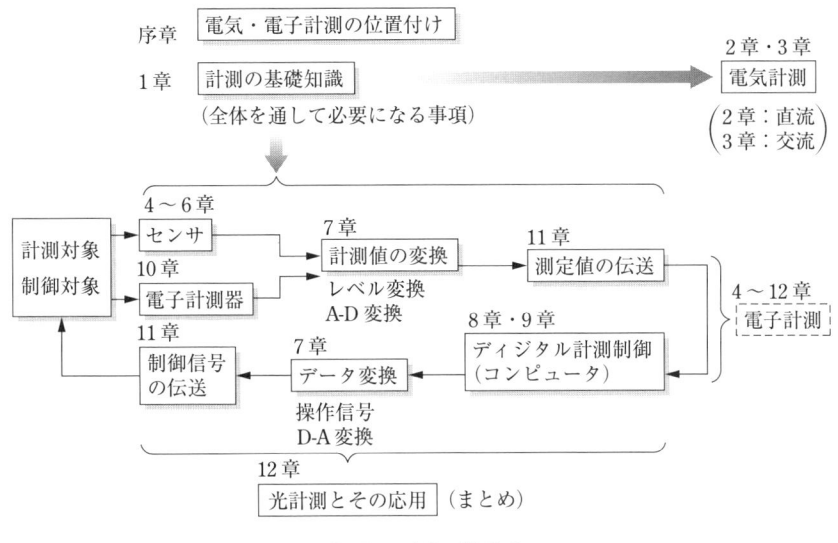

● 図4 本書の構成 ●

6 本書の学び方

　これまでの説明でもわかるように，「電気・電子計測」は，総合科目的な色彩が強い．ある目的を実現するには，どのようなことをしなければならないか，目的意識をもって学習していくことによって，本当の意味での自分の実力を高めることができるものと思われる．何か疑問が生じた場合には，本シリーズの他の本を参考にするなり，自分で調べて学習していくなどの方法で，自分の問題に関連して知識や実力をつけてほしい．

　本書で学んだことを基礎にして，将来この電気・電子計測技術を駆使して解決してほしい問題もたくさんある．答えは必ずしも一つではない．より良い方法を各自で考えて，これらの問題を解決していってほしい．

　これらの問題として，地球温暖化に対する対策，日本でも1年間に10 000人ほどの死亡者を出している交通事故を防止する方法（いねむり防止，衝突回避システムなど），地震予知，土石流，火砕流，竜巻などの自然災害の防止や対策，高齢化社会における老人や障害者を支援する福祉への応用などたくさんある．そして「かぐや」で紹介した宇宙へのわれわれの夢を実現することにも当然これらの技術が使われていくだろう．皆さんがこれらの問題の解決や夢の実現に向けて

努力されることを期待したい．そのために本書でその基礎をしっかり身につけてほしい．

🔲 障害者を支援しよう！🔲

　身体障害者の数は，全国で293万3000人いる．その内訳は，内部障害62万1000人（21.2％），視覚障害30万5000人（10.4％），聴覚・言語障害35万人（11.9％），肢体不自由165万7000人（56.5％）である（平成8年厚生省身体障害者実態調査より）．これらの人々は，通常の人がもっている機能に何らかの障害がある．このような人々ができるだけ自立して生活できるように，これから学ぶ知識を生かして，支援しようではないか．

　さらに，これからは高齢者社会になる．2025年には4人に1人は65歳以上の老人になるといわれている．人間年をとると，どうしてもどこかに障害をもつようになる．あなたもいずれ老人になるわけで他人事ではない．このような人々がより豊かな生活ができるように，工学を福祉に役立てようではないか．さらに一言，あなたも自分のもっている機能をできるだけ衰えさせないように，日頃から健康に注意しよう．

1章

計 測 の 基 礎

　本章は，2章から12章全般にわたって関係する計測に関する基礎事項を整理している．計測法にはどのようなものがあり，その特徴はどういうものかを学ぶ．また測定された値はどのように評価し，どのように扱えばよいのかを学ぶ．さらに，測定に使用される単位系を整理する．

1 どのような計測法があるか

〔1〕 直接法と間接法

　今，100 kg を計れる体重計があるとする．普通の人ならこの体重計に乗れば直接自分の体重を計れる．この測定は直接法である．しかし，この体重計で象の体重を計ることはできない．この体重計を用いて，できるだけ簡単な方法で象の体重を計るにはどうしたらよいだろうか．

　一つの方法として，図 1・1 に示す方法はどうであろうか．台の上に象を乗せ，一方の台に何人かの人間が乗っていき，象の台が浮き上がり，平衡がとれたところから象の体重を求める．すなわち，その台に乗った各人の体重を先ほどの体重計で測定し，その合計の重さから象の体重を出す方法である．このような測定法が間接法にあたる．もし，象の体重に相当する人数が集まらないときはどのような方法を採ればよいであろうか（演習問題問 7 参照）．

● 図 1・1　100 kg の体重計で象の体重を計る一方法（間接法）●

　もう一つ電気に関する例を示そう．図 1・2 の回路の抵抗 R_2 にかかる電圧を計りたいとする．適当な電圧計があって R_2 の両端に電圧計を直接接続してこの電

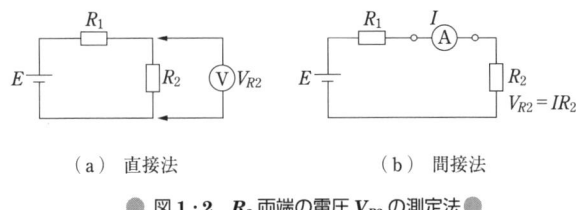

(a) 直接法　　　　　　　(b) 間接法

● 図1・2　R_2両端の電圧V_{R2}の測定法 ●

圧を計るのが直接法である（同図(a)）．あいにく電流計しかなかったときはどのようにして計るか．図1・2の回路内に電流計を挿入してこの回路に流れる電流値Iを求め，もし抵抗R_2の値が既知ならば，$V_{R2} = IR_2$よりR_2にかかる電圧を求めることができる．この測定法は間接法である（同図(b)）．

あるものを測定したい場合，それを直接計れないから計れないとあきらめてしまわないで，使用できる測定器でいかに測定しようかと考えることが大切である．

〔2〕 **偏位法と零位法**

体重計で自分の体重を計るとき，体重計の指針が振れて（偏位して），その偏位したところの目盛りを読むことで自分の体重を知ることができる．このように計ろうとするもので，測定器の指針などを振らせて，その偏位の度合いから測定値を読む測定法が偏位法である．この方法では，測定器を構成する要素が変動すると測定値に影響を与える．そのため，ときどき測定器を校正する必要がある．

それではどのようにして校正するのだろうか．先の例では，体重計の零点を合わせ標準のおもりを載せて，指針の示す目盛りが標準のおもりの値と違っていれば，目盛りを換算し直すことになる．測定値がディジタル量の場合，数値で示されるとそれが正しいものと考えてしまう人が多い．構成要素の変動で必ずしもその値が正しいとは限らない．校正の大事さに加え，測定には慎重さが大切である．

一方，零位法とは，図1・3に示すてんびんばかりのように両者の平衡をとって，指針が0になるようにした測定法である．この測定法は構成要素の変動に強い．例えば，図1・3の場合，両方の皿の重さが環境（温度や湿度など）の影響で変動したとしても，左右両方とも同じ環境におかれているので同じように変化するため，その変動を打ち消すことができる．

電気の例で示そう．図1・4(a)に示すように，ある電池の電圧を知りたいとき，適当な電圧計を使いその指針の振れより電圧値を読むのが偏位法にあたる．測定すべき電池のエネルギーで電圧計の指針を動かしており，そのため電池内の

1 どのような計測法があるか

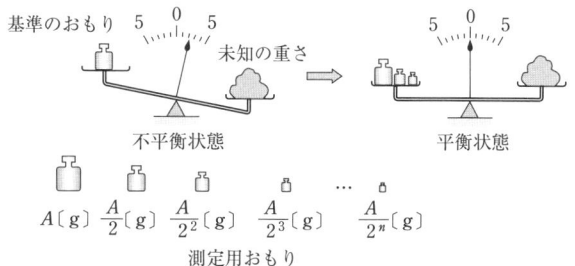

● 図1・3 零位法による測定例（てんびんばかり） ●

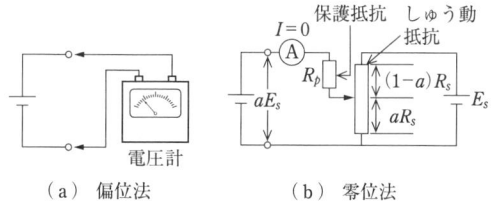

● 図1・4 電池の電圧測定 ●

内部抵抗による電圧降下により誤差が生じる．

一方，電流計を用いて，同図(b)に示すように，既知電源 E_s としゅう動抵抗器を使用して，電流計の値が 0 を示すときのしゅう動抵抗器の値より未知の電池の電圧を知るのが零位法である．平衡時には，測定すべき電池のエネルギーは使用されず，偏位法のような誤差は生じない．また，この場合，環境の変化でしゅう動抵抗器の抵抗値が変化しても分割比さえ正しく読めれば問題はない．しかし，電源 E_s の変化は打ち消せない．

〔3〕 アナログ計測とディジタル計測

アナログ計測（図1・5）とは，計測量を連続的に変化し得る表示器に変換して，測定値を得る計測をいう．先の例で示した，指針計の体重計や電圧計を使用した測定がこれに当たる．このアナログ計測は，全体に対して指示された値を瞬時にとらえることができる反面，指針の見方による個人差が生じるなど高精度の測定には適さない．また，測定値をコンピュータに入力させるには A-D 変換をする必要がある．

これに対し，ディジタル計測は，測定値をディジタル量（2.895 V など）で表示する計測で，高精度の測定が可能であるとともに，この測定値をコンピュータ

11

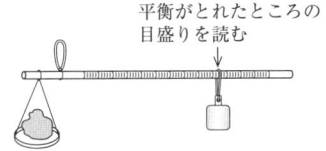

● 図 1・5　棒ばかりによるアナログ計測の例 ●

に接続することも容易である．計測器によっては，コンピュータに接続できる端子（GP-IBなど）を設けているものも多い．近年のエレクトロニクスの発展に伴い，ディジタル計測の計測器が主流になっている．

例を示そう．図 1・3 のてんびんばかりの場合，基準のおもり（隣り合う重さが半分の関係にある）を多く用意しておくほど，精度高い測定を可能にする．そのおもりを使用すれば "1"，使用しなければ "0" ということで，その重さをディジタル量（$10011010 = 2^7 + 2^4 + 2^3 + 2^1 = 154$ など）で表現できる．これがディジタル計測である．これは，7 章の A-D 変換器の逐次比較法の原理と同じである．

2　測定値は正しいだろうか

ある測定対象を計測器で測定したとき，その測定値はそのまま信用してよいのだろうか．この測定値をどのように評価すべきかについて，ここで考察してみよう．

本節では，測定に伴う誤差，計測器の確度および測定値の有効数字と測定量の推定などの概念を明らかにしておこう．

〔1〕 測定値の誤差

誤差（error）e とは，測定値（measurement value）M と真値（true value）T との差のことで，次式で表される．

$$e = M - T \tag{1・1}$$

$e/F \times 100$ 〔％〕を相対誤差，あるいは百分率誤差という．F には T，あるいは目盛りの最大値などが選ばれる．

この誤差の原因としては，次のものが考えられる．

①間違い（mistake），あるいは過失的誤差（faulty error）

②系統的誤差（systematic error）

③偶然誤差（accidental error）

「間違い」とは，単純な値の読み誤りなどである．測定と同時にその値をグラフなどにプロットすることにより，この誤りに気づくことができる．

「系統的誤差」とは，一定の法則に従って確定できる原因によって生じる誤差で，測定値の偏りとして現れる．例えば，計測器の構成要素の温度特性のため，測定値にある偏りが生じる．その原因（温度変化）がわかれば，補正（correction）によって測定値を正しくできる．

一方，「偶然誤差」は，不定の原因により不確定の時刻に生じる誤差で，測定値にばらつきがある．これは補正できないが，ばらつきにある性質（正規分布など）があれば真の値を推定できる．

〔2〕 計測器の確度

計測器に表示された値を，どれくらい信用してよいか．これは計測器の確度（accuracy）で表現される．国家標準に対する相違の限界を表す量である．次の3通りのいずれか，またはその組合せで表示される．

①読取り量（reading，略記 rdg）の％，または dB 表示
②測定レンジのフルスケール値（full scale，略記 fs）の％，または dB 表示
③絶対値による表示

例を示そう．ディジタル電圧計のカタログに 2 V レンジ（最大表示 1.999 99 V）の確度が $\pm(0.003\ \%\ \text{rdg} + 2\text{digits})$ と表示されている．今，電圧計の表示が 1.000 00 V であったとき，そのあいまいさは次式で表される．

$$あいまいさ = \pm\left(1.000\ 00 \times \frac{0.003}{100} + 0.000\ 02\right) = \pm 0.000\ 05\ \text{V}$$

ゆえに測定値の真の値は，0.999 95 〜 1.000 05 V の間にあることになる．

計測器の確度の維持に関して，トレーサビリティ（traceability）という言葉が使われる．これは，各所の標準器を国家標準に対してトレースするシステムである．すなわち，各所の標準器の校正ルートを体系的に定めたものである．

この確度に関連して使用される言葉に，精度（precision）と分解能（resolution）がある．同じ測定を繰り返し行ったとき，測定値のばらつきの小さい程度を「精密さ」といい，その偏りの程度を「正確さ」（確度）といって，その両方を含めた意味，あるいはそのいずれかを意味して精度ということがある．最近は，そのあいまいさを避けるため，確度に統一されつつある．

計測器のカタログには，確度のほかに分解能の表示がある．この分解能とは，読取り可能な最小値を意味し，絶対値または％で表されている．上記のディジタル電圧計の場合では，分解能 10 μV と絶対値で表示されている．

1章 計測の基礎

■ **dB とは** ■

工学では，よく二つの量 A_1，A_2 を比較することがある．そのとき次式で表される α を dB（デシベル）表示という．

$$\alpha = 20\log_{10}\left(\frac{A_1}{A_2}\right) \text{[dB]}$$

ただし，A_1，A_2 が電力量などのパワーの場合には，次式が使われる．

$$\alpha = 10\log_{10}\left(\frac{A_1}{A_2}\right) \text{[dB]}$$

---

〔3〕 **有効数字**

測定値を表す数字で，意味のある数字を有効数字（significant figure）という．これに関していくつか注意すべき点を以下に示す．

① 有効数字 4 桁の場合，8.560 の数字の最後の 0 は意味がある．値に関係ないとして，これを 8.56 としてしまうのは誤りである．8.56 は，8.555〜8.564 が四捨五入して 8.56 になったことになる．これに対し，8.560 は，8.5595〜8.5604 の値が四捨五入されたものを意味しており，両者は明らかに異なる．

② 0.00856 のような場合の位取りのための 0 は，①の場合と異なり有効数字には数えない．この場合の有効数字は 3 桁である．

③ 有効数字 3 桁の場合，8.56 mV を μV の単位に書き直すとき，8560 μV と書くと有効数字は 4 桁ということになってしまう．この場合は，$8.56 \times 10^3\,\mu$V と書くべきである．

測定値の加減乗除を計算する場合がある．この場合は，次の点に注意する．

① 加減算のときは，最後の桁をそろえて行う．
　（例）8.56 V と 3.472 V の和を求める．8.56 V + 3.47 V = 12.03 V

② 乗除算のときは，有効数字の桁数をそろえて行う．
　（例）抵抗 $R = 13.53\,\Omega$ の両端の電圧 V が 8.56 V であった．この抵抗 R を流れる電流 I を求める．

$$I = \frac{V}{R} = \frac{8.56\,\text{V}}{13.5\,\Omega} = 0.634\,\text{A} = 634\,\text{mA}$$

〔4〕 測定値の推定
(a) 平均値と分散

同一測定量を同一条件のもとで多数回測定したとき，前述した偶然誤差のために測定値がばらつくことがある．そのばらつきの分布は，通常正規分布を示し，その分布の性質を利用して真の測定値の推定ができる．

n 回の測定値を $x_1, x_2, \cdots, x_n$ とし，これらが母平均 μ，標準偏差 σ の母集団から抽出された標本と考える．正規分布の確率密度関数 $f(x)$ は次式で表される．

$$f(x) = \frac{1}{\sqrt{2\pi}\sigma} \exp\left\{-\frac{(x-\mu)^2}{2\sigma^2}\right\} \tag{1・2}$$

また，その平均 μ と分散 σ^2 は以下に示される．

$$\mu = \int_{-\infty}^{\infty} xf(x)dx, \quad \sigma^2 = \int_{-\infty}^{\infty} (x-\mu)^2 f(x)dx \tag{1・3}$$

一方，測定値の平均 $\bar{x}$ は次式となる．

$$\bar{x} = \frac{1}{n}\sum_{i=1}^{n} x_i \tag{1・4}$$

また，測定値の残差平方和 S は次式で示され，この S をデータ数 n で割ったものが分散 u^2 である．なお，S を $(n-1)$ で割ったものは不偏分散 V といわれ，これを分散 u^2 の代わりに使うことも多い．

$$S = \sum_{i=1}^{n} (x_i - \bar{x})^2 \tag{1・5}$$

$$u^2 = \frac{S}{n} \tag{1・6}$$

$$V = \frac{S}{n-1} \tag{1・7}$$

x_i の平均二乗誤差 δ^2 は，次式で表される．

$$\delta^2 = \frac{1}{n}\sum_{i=1}^{n} (x_i - \mu)^2 \tag{1・8}$$

式(1・3), (1・8)において，μ, σ は実際には未知であるので，μ の代わりに $\bar{x}$ が，δ，σ の代わりに u が，その推定値として用いられる．

（平均値 $\pm \sigma$）の区間に測定個数の 68.3 %，（平均値 $\pm 2\sigma$）の区間に 95.4 %，（平均値 $\pm 3\sigma$）の区間に 99.7 % があることになる．

(b) 最小二乗法

n 個の入力値 $x_1, x_2, \cdots, x_n$ に対して，その出力（測定値）が $y_1, y_2, \cdots, y_n$ であるとき，両者の関係式を最小二乗法で求めることがよく行われる．

入出力関係が $y = ax + b$ の線形の関係にある場合を例としてあげる．最小二乗法では，次式の残差の二乗和 J が最小になるように定数 a, b を定める．

$$J = \sum_{i=1}^{n} \{y_i - (ax_i + b)\}^2 \tag{1・9}$$

すなわち，$\partial J/\partial a = 0, \partial J/\partial b = 0$ から次式によって，a, b が定められる．

$$a = \frac{\sum_{i=1}^{n} x_i y_i - n\bar{x}\bar{y}}{\sum_{i=1}^{n} x_i^2 - n\bar{x}^2}, \quad b = \frac{\bar{y}\sum_{i=1}^{n} x_i^2 - \bar{x}\sum_{i=1}^{n} x_i y_i}{\sum_{i=1}^{n} x_i^2 - n\bar{x}^2} \tag{1・10}$$

3 測るときの単位を調べよう

〔1〕 量と単位

ある地点 A から B までの距離を測りたいとき，計測器がなければ，われわれはとりあえず A から B まで歩いて何歩あるかを調べる．そして一歩を約 60 cm として，100 歩あったとすると，AB 間の距離を約 60 m と測定する．

このように測定とは，基準量（1 歩の長さ）と比較して数値（100 歩）を用いて量を表す操作をいう．このときの基準量として用いる一定の大きさの量を単位（unit）という．例えば，8.56 V とは，基準量 1 V の 8.56 倍の量であることを示す．すなわち，量とは次のように書くことができる．

$$\text{量} = \text{単位} \times \text{数値} \tag{1・11}$$

この基準となる単位系として，1960 年に国際単位系（SI）が誕生した．SI とは，仏語で Système International d'Unités，英語で International System of Units の略である．

〔2〕 国際単位系

国際単位系（SI）は，表 1・1 に示すような構成でできている．すなわち，7 個の基本単位（表 1・2），2 個の補助単位，SI と併用される単位およびそれから組み立てられる組立単位の 3 群からなる．この SI 単位と 16 個の接頭語から SI は構成される．

3 測るときの単位を調べよう

● 表1・1 SI 単位 ●

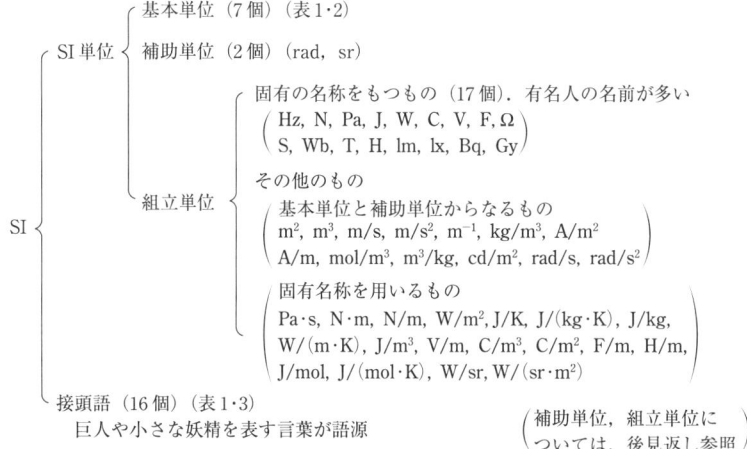

（補助単位，組立単位については，後見返し参照）

● 表1・2 SI 基本単位 ●

量	名 称	記 号
長 さ	メートル	m
質 量	キログラム	kg
時 間	秒	s
電 流	アンペア	A
熱力学温度	ケルビン	K
物 質 量	モル	mol
光 度	カンデラ	cd

● 表1・3 接頭語 ●

単位に乗ぜられる倍数	接頭語の名称	記 号	単位に乗ぜられる倍数	接頭語の名称	記 号
10^{18}	エクサ	E	10^{-1}	デシ	d
10^{15}	ペタ	P	10^{-2}	センチ	c
10^{12}	テラ	T	10^{-3}	ミリ	m
10^{9}	ギガ	G	10^{-6}	マイクロ	μ
10^{6}	メガ	M	10^{-9}	ナノ	n
10^{3}	キロ	k	10^{-12}	ピコ	p
10^{2}	ヘクト	h	10^{-15}	フェムト	f
10	デカ	da	10^{-18}	アト	a

われわれが取り扱う量は拡大の一途をたどっており，基本単位のみを用いると数値の桁数が大きくなりすぎて不便である．そこで SI 単位の 10 の整数乗倍を構成するため，**表 1·3** に示された接頭語が決められた．この接頭語は，いろいろな測定値を表すのに使われるので，一度，各人で復習しておくべきである．

本章では，計測に関する基礎事項を整理した．まず，計測法として，直接法と間接法，偏位法と零位法，アナログ計測とディジタル計測があり，それぞれの特徴を学んだ．

次に，測定に伴う誤差，計測器の確度および測定値の有効数字と測定値の推定などの概念を明らかにした．これらを基に自分で測定した値をどのように評価すべきかを理解した．最後に，測定に使用される単位系について整理した．SI（国際単位系）は，7 個の基本単位，2 個の補助単位およびそれらから組み立てられる組立単位の 3 群からなる．この SI 単位と 16 個の接頭語から SI が構成されることを学んだ．

演習問題

問1 図 **1·6** の回路で，R_1, R_2 は既知抵抗，R_x が未知抵抗とする．R_v を連続的に加減して（その抵抗値は読めるとする），電流計 I の値が 0 になるときより，R_x が求められることを示せ．また，この測定法は，直接法か間接法か，偏位法か零位法か，アナログ計測かディジタル計測かも述べよ．

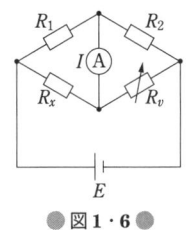

●図 **1·6**●

問2 測定値の誤差にはどのようなものがあるか．

問3 図 **1·7** の回路の R_1 にかかる電圧を，有効数字に注意して求めよ．

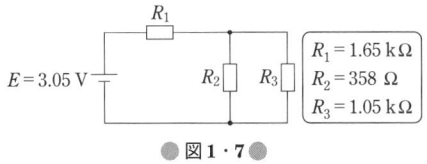

● 図 1・7 ●

問4 次の測定値の平均値，分散，標準偏差を求めよ．単位はΩ．

5.21　5.43　5.09　5.37　5.15　5.01　5.28　5.31　5.16　5.24

問5 図 1・8 において，直径 1 m の円形タンクの状態方程式は次式で表されるとする．

$$\frac{dQ}{dt} = -C\sqrt{Q} + x$$

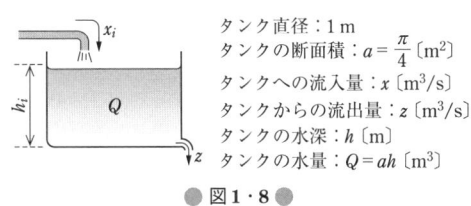

タンク直径：1 m
タンクの断面積：$a = \dfrac{\pi}{4}$〔m²〕
タンクへの流入量：x〔m³/s〕
タンクからの流出量：z〔m³/s〕
タンクの水深：h〔m〕
タンクの水量：$Q = ah$〔m³〕

● 図 1・8 ●

ある流入量 x_i に対して，定常状態でのタンクの水深が h_i になったとすると，次式が成立する．

$$-C\sqrt{Q} + x_i = -C\sqrt{a}\sqrt{h_i} + x_i = 0$$

x_i に対する h_i の測定値が**表 1・4** のようになったとき，$\sqrt{h_i} = y_i$ として

$$J(C) = \sum_{i=1}^{8} (x_i - C\sqrt{a}\, y_i)^2$$

が最小になるように C の値を求めよ．

● 表 1・4　流入量 x_i に対する水深 h_i の測定値 ●

i	1	2	3	4	5	6	7	8
x_i〔m³/s〕	0.20	0.40	0.60	0.80	1.00	1.20	1.40	1.60
$y_i^2 = h_i$〔m〕	0.12	0.38	1.10	1.65	2.79	4.29	5.28	6.65

問6 SI 単位の 7 個の基本単位とは何か．また，接頭語のテラ（T），ヘクト（h），デカ（da），デシ（d），ナノ（n），フェムト（f）とは 10 の何乗を表すか．

問7 図 1・1 に示したように，100 kg の体重計で象の体重を計るとき，象の体重に相当する人数が集まらないときはどうするか．

2章
電気計測（1）直流

　直流の電気計測の基本は，コイルに電流を流して電磁石とし，永久磁石との間に働く力を表示するものである．ばねばかりでは重力とばねの復元力をバランスさせて重さを測定するが，電気計測では電磁力とばねの復元力をバランスさせて電流の大きさを測定する．外部の回路を工夫して，測定範囲を変えたり，電圧や抵抗の値を測定したりできる．精密な測定のためにはさおばかりの原理に似たブリッジを用いる．

1 偏位法と零位法について学ぼう

　偏位法とは，測定器の針などを振らせて，その振れ（偏位）の度合いから測定値を読み取る方法である．図 2・1 (a) のばねばかりでは，計りたいもの（**被測定物**）を吊るすとばねが伸びる．被測定物が下向きにばねを引っ張る力は mg で，ばねの長さが x だけ伸びるとフックの法則によって，上向きに kx の力が発生する．両方の力がつり合ったところで指示値 x を読むと，被測定物の質量は

$$m = \frac{kx}{g} \tag{2・1}$$

で求められる．この方法はすばやく測定できる反面，環境の変化の影響を受けやすく，慎重に校正することが必要である．例えば，式 (2・1) には重力加速度 g が含まれているので，同じものを測定しても月と地球では指示値が異なってしまう．

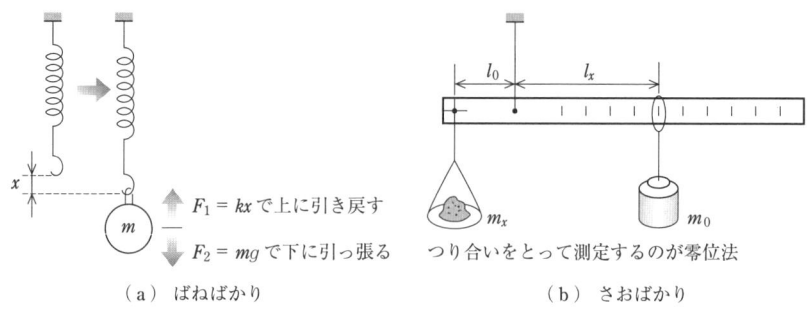

（a）ばねばかり　　　　　　　　　（b）さおばかり

● 図 2・1　偏位法と零位法 ●

零位法は二つの量のバランスを取って指針を0にしていく測定法である．図2·1 (b) のさおばかりでは，被測定物を吊るすと左回りに $m_x g l_0$ のモーメントが生じる．質量 m_0 のおもりをスライドさせ，つり合いがとれたとき，右回りに $m_0 g l_x$ のモーメントが生じているので，被測定物の質量は

$$m_x = \frac{l_x}{l_0} m_0 \tag{2·2}$$

で求められる．この方法は測定に時間を要することが多いが，被測定物と参照されるもの（この場合はおもり）の両方が同じ環境におかれているので，環境変動に強い測定方法といえる．例えば，式 (2·2) には重力加速度 g が含まれていないので，月で測定しても地球で測定したときと同じ質量が得られる．

電気計測においても，ディジタル計測であるか，アナログ計測であるかにかかわらず，基本的には偏位法か零位法を用いて物理量を測定している．2章および3章では，アナログ的な方法による電気計測の基本を説明する．

② 指示計器

指示計器は，指針によって直接測定値を表示する計器のことで，偏位法の測定を行う．電気・電子計測では，電流計が最もなじみが深い指示計器となる．家庭にあるアナログ式のテスタも電流計を使用した指示計器の一種である．電流計では，電磁力により電流に比例したトルクが発生して指針が回転し，回転角に比例する復元力とつり合うところで指針が停止する．指示計器には

① 測定量を針の振れに変換するので直感的にわかりやすい

② 一定期間の平均的な値を示すので，ノイズやエイリアシングの影響が少ない

などの長所と

③ 応答速度が遅い

④ コンピュータ計測には不向き

などの問題がある．

③ 可動コイル形電流計による直流電流の計測

可動コイル形電流計は，一定の磁束の中でコイルに電流を流したときに発生する力（トルク）を指針の振れに変換するもので，電気・電子計測用の指示計器の代表格である．指針は可動コイルに取り付けられている．可動コイルは渦巻ばね

で本体に固定されている．コイルは常に一様な磁界中に置かれるように永久磁石と磁気回路が配置されている．

図2·2(a)の原理図に示すように，コイルに作用する磁束密度をB，コイルの巻数をn，コイルの大きさを$a \times b$とする．コイルがつくる面と磁束の向きが平行であるとき，このコイルに電流Iを流すと，磁束と直交する長さbの部分に対して$F = nbBI$の力が働く．これによるトルクは$nabBI/2$なので，コイル全体では$\tau = nabBI$となる．

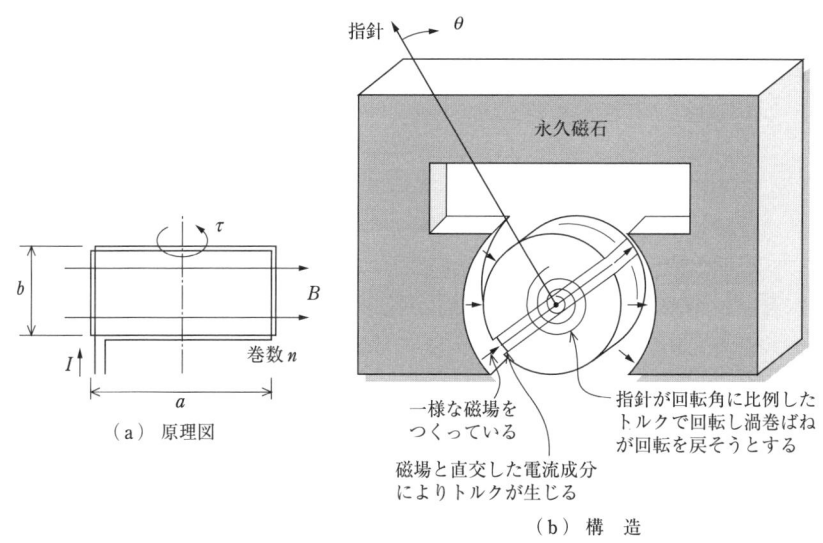

● 図2·2 可動コイル形電流計 ●

図2·2(b)のように磁束とコイルの配置を工夫すると，このトルクはコイルの角度によらず一定となる．これによって指針は右回りに回転するが，角度が大きくなるに従って，渦巻ばねのために左回りのトルクが大きくなり，指針は電流による右回りのトルクとつり合う角度で停止する．そのときの角度をθとすると，ばねによる右回りのトルクは比例定数cを使って$c\theta$と表される．つり合いの式$nabBI = c\theta$より，電流は

$$I = \frac{c\theta}{nabB} \tag{2·3}$$

となり，角度に比例した値で求められる．

4 理想の電流計と現実の電流計の違いを知ろう

理想の電流計は，電流を流しても端子間に電圧が全く発生しない電流計であり，そのようなものがあれば回路に何の影響も与えずに電流を測定できる．しかし実際の可動コイル形電流計のコイルには抵抗とインダクタンスがある．今は直流のみ考えているので，コイルがもつ抵抗 r のみを考える．**現実の電流計**は，図 2·3 のように理想の電流計とコイルの**内部抵抗**が直列になった等価回路で表現することができる．測定の際には常にこの内部抵抗を考えに入れておく必要がある．それはなぜか考えてみよう．

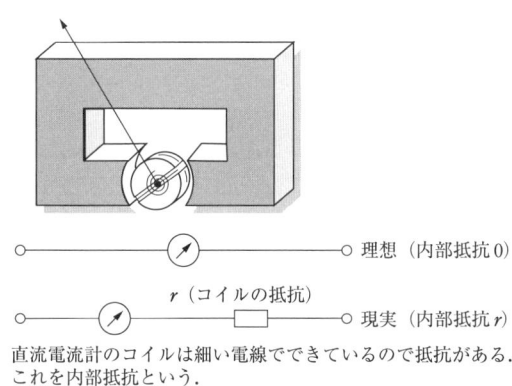

直流電流計のコイルは細い電線でできているので抵抗がある．
これを内部抵抗という．

● 図 2·3 理想の電流計と現実の電流計 ●

電流計で電流を測定するときには，回路の一部に電流計を挿入することになる．実はそのとき一緒にコイルの内部抵抗 r が挿入されてしまうので，回路の状態が変わってしまい，本来測定されるべき電流値と測定される値との間の誤差が生じる．

例えば，**図 2·4** の回路に流れる電流は $I = E/R$ であるが，これを測定するために内部抵抗 r の電流計を挿入すると電流は $I' = E/(R+r)$ になってしまう．r が R に比べて無視できない程度に大きい場合にはこれによる誤差が問題となる．電流計を挿入したときの指示値が I' であったとすると，本当に計りたかった電流は

$$I = \frac{R+r}{R} I' \tag{2·4}$$

により補正する必要がある．

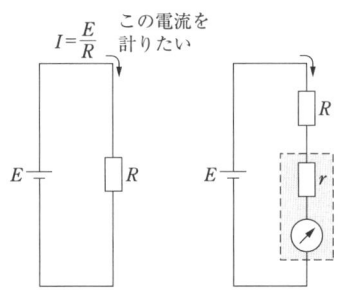

● 図 2・4　電流計の内部抵抗の影響 ●

5　分流器を用いた，より大きな電流の測定

分流器とは，電流計に並列につなぐ抵抗のことで，これによって電流計のレンジを切り換えることができる．このようすを**図 2・5**に示す．内部抵抗 r で，測定できる最大の電流が I_{max} である電流計と並列に分流器として抵抗 R をつないだとする．この回路に流れる電流の合計を I，電流計に流れる電流を I_0 とすると

$$I = \frac{1/r + 1/R}{1/r} I_0 = \left(1 + \frac{r}{R}\right) I_0 \tag{2・5}$$

つまり，電流計の指示の $(1+r/R)$ 倍が回路に流れている電流の合計となる．例えば，R を r の $1/9$ 倍に設定すると，電流計の最大目盛り I_{max} の 10 倍の電流を測定することができる．

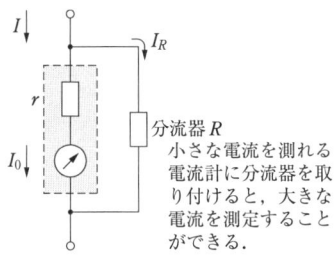

● 図 2・5　分流器 ●

6　直流電流計による直流電圧の測定

内部抵抗がわかっている電流計は電圧計として使用できる（**図 2・6**）．可動コイル形電流計のコイルの内部抵抗を r とする．両端に電圧 V が加わっていたと

きに流れる電流は $I=V/r$ であるから，そのときの指示値 I が読めれば電圧は $V=Ir$ で求められる．ところが，電流計の内部抵抗 r は，電流を流したときに端子の両端に電圧が発生しないようにできるだけ小さく設計してあるので，そのまま電圧をかけると，大きい電流が流れてしまうことが多い．電圧計として使用するときにはできるだけ電流を流さないようにする必要があるので，電流計に抵抗 R を直列に接続して使用する．このときには内部抵抗 $R'(=R+r)$，つまりコンダクタンス $1/R'$ をもつ電圧計と考えることができる．

図 2・7 は内部抵抗 R' の電圧計を使って抵抗 R_2 の両端の電圧を測定しようとしている．しかし，R_2 と電圧計を並列に接続することによって合成抵抗は R_2 から $R_2 /\!/ R'$ に変化するので，本来測定されるべき電圧 $V=R_2 E/(R_1+R_2)$ に対して，電流計の両端に加わる電圧は

$$V' = \frac{R_2 /\!/ R'}{R_1 + (R_2 /\!/ R')} E = \frac{R_2}{R_1(1+R_2/R') + R_2} E \qquad (2 \cdot 6)$$

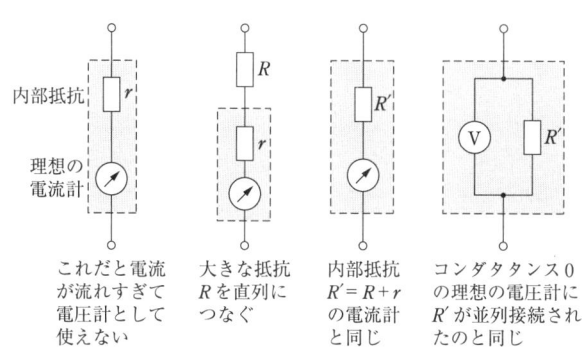

● 図 2・6　電流計で電圧を測定する方法 ●

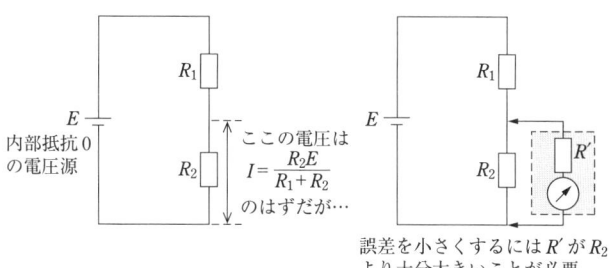

● 図 2・7　電圧測定時の内部抵抗の影響 ●

になってしまう．このため，R' が R_2 に比べて十分大きくない場合には誤差が生じる．

分圧器（倍率器）は，図 **2·8** に示すように，内部抵抗 r の電圧計を電圧測定に用いる際，直列につながれる抵抗 R のことで，これによって電圧レンジを切り換えることができる．全体にかかる電圧を V，内部抵抗 r の電圧計にかかる電圧を V_0 とすると

$$V = \frac{r+R}{r}V_0 = \left(1+\frac{R}{r}\right)V_0 \qquad (2·7)$$

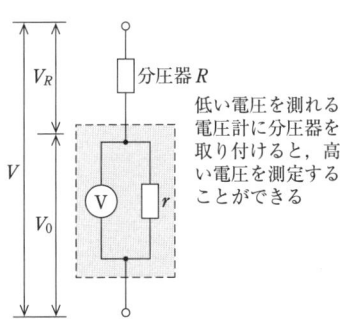

● 図 **2·8** 分圧器（倍率器）●

つまり，この電圧計に加わる電圧の $(1+R/r)$ 倍が全体に加わる電圧となる．例えば，R を r の9倍に設定すると，電圧計の最大目盛り $V_{\max}$ の10倍の電圧を測定することができる．

7 電圧降下法の特長を知ろう

電圧降下法はオームの法則から抵抗値を求める最も基本的な抵抗測定法である．未知の抵抗 R_x に流れる電流 I と両端にかかる電圧 V から，$R_x = V/I$ で抵抗値が求められる．しかし，実際に電圧や電流を測定するときには，計器に内部抵抗があるので，注意が必要である．図 **2·9** は，内部抵抗が r_A の電流計と，内部抵抗が r_V の電圧計を使用して抵抗を測定している．抵抗 R_x が r_A に対して比較的大きい場合には同図 (a) の回路を用いる．このときの電圧計の読みを V，電流計の読みを I とすると，R_x の両端にかかる電圧は実際には $(V-r_A I)$ となるので，抵抗は

$$R_x = \frac{V - r_A I}{I} \qquad (2\cdot 8)$$

で求められる．この回路では，電圧計の読み V を電流計の内部抵抗に応じて $(V - r_A I)$ と補正する必要がある．R_x が大きいときには電流 I が小さいので，補正の割合が少なくなり，精度のよい測定ができる．

抵抗値 R_x が r_V に対して比較的小さい場合には同図 (b) の回路を用いる．R_x に流れる電流は $(I - V/r_V)$ となるので，抵抗は

$$R_x = \frac{V}{I - V/r_V} \qquad (2\cdot 9)$$

となる．この回路では，電流計の読み I を電圧計の内部抵抗に応じて $(I - V/r_V)$ と補正する必要がある．R_x が小さいときには電流 I が大きくなるので，補正の割合が少なくなり，精度のよい測定ができる．

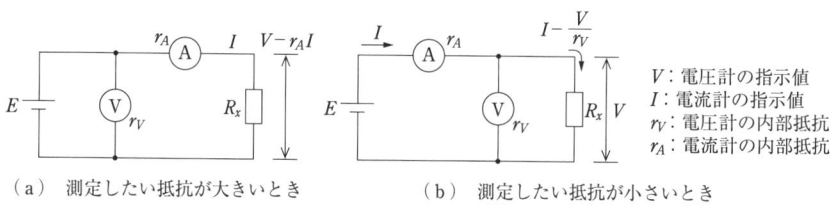

● 図 2・9　電圧降下法による抵抗の測定 ●

8　回路計（テスタ）を用いて抵抗を測定しよう

テスタと呼ばれる測定器には電圧，電流に加えて，抵抗測定機能がある．電流と電圧の測定原理は説明したので，ここでは抵抗測定の原理を説明する．**図 2・10** のような回路で，端子 ab を短絡し，電流計の目盛りが最大となるように抵抗 R_F を調整する．このときの回路の合成抵抗を R_0 とすると，電流は

$$I_0 = \frac{E}{R_0} \qquad (2\cdot 10)$$

となっている．R_0 の値が電流計の内部抵抗より十分大きければ，分流抵抗 r の値が変化しても合成抵抗 R_0 の値にはほとんど影響しない．その後測定したい抵抗 R_x を端子 ab 間に接続したときに流れる電流を I とすると

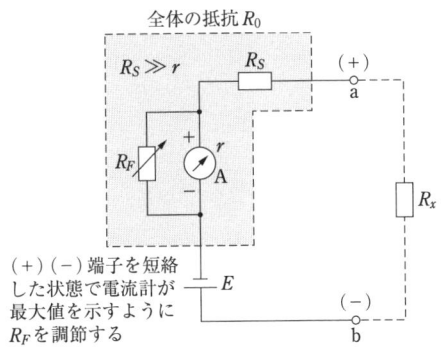

● 図 2・10 回路計（テスタ）による抵抗の測定 ●

$$I = \frac{E}{R_0 + R_x} \tag{2・11}$$

となる．このとき電流計には最大目盛りの点の電流に対して

$$\frac{I}{I_0} = \frac{R_0}{R_0 + R_x} \tag{2・12}$$

に相当する電流が流れているので，電流計の読みの比率から抵抗値が求められる．この値は電源電圧 E にほとんど依存しないので，内蔵してある電池が消耗しても正確な測定を行うことができる．求める抵抗値は

$$R_x = R_0 \left(\frac{I_0}{I} - 1 \right) \tag{2・13}$$

となるので，電流計の振れから抵抗値を直読するためには非線形（等間隔でない）の目盛りを打っておく必要がある．

⑨ 零位法を用いて電圧・抵抗を計ろう

図 2・11 (a) はさおばかりと同様の原理を応用して，未知の電圧 E_x を測定している．まずスイッチを 1 に倒して標準電圧源 E_S をつなぐ．しゅう動子 R を調整して検流計の読みが 0 になったとき，R_1 の位置にあったとする．このとき検流計側には電流が流れないので，抵抗 R には E_0/R の電流がそのまま流れている．標準電圧 E_S は R_1 を用いて

$$E_S = R_1 I = \frac{R_1}{R} E_0 \tag{2・14}$$

9 零位法を用いて電圧・抵抗を計ろう

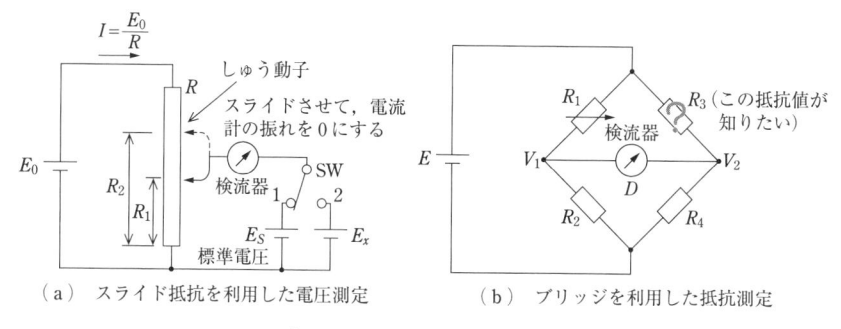

(a) スライド抵抗を利用した電圧測定

(b) ブリッジを利用した抵抗測定

● 図 2・11 零位法による測定 ●

と表すことができる．これより

$$E_0 = \frac{R}{R_1} E_S \tag{2・15}$$

このとき，標準電圧源 E_S は電流を供給しないので，安定した起電力が得られている．

次にスイッチを2に倒し，測定したい電圧 E_x をつなぐ．しゅう動子 R を調整して検流計の読みが0になったとき，R_2 の位置にあったとすると，同様に抵抗 R に流れる電流は E_0/R である．電圧 E_x は R_2 を用いて

$$E_x = R_2 I = \frac{R_2}{R} E_0 = \frac{R_2}{R_1} E_S \tag{2・16}$$

より，抵抗の比率 R_2/R_1 と標準電圧 E_S のみで表され，E_0 に依存しない．E_0 は電流 I を供給するため，E_0 の内部抵抗による電圧降下などにより電圧が安定しないが，測定中に供給される電流 I が一定である限り，精度の高い測定が可能となる．

ブリッジは零位法による測定を行うための代表的な回路である．図 2・11 (b) では未知の抵抗 R_3 を測定しようとしている．R_2 と R_4 が正確にわかっており，R_1 はその値を変化させて正確に読み取ることができる．R_1 を変化させて検流計の読みを0とする．そのとき検流計の両側の電位 V_1 と V_2 は正確に等しくなっているので，次式が成立する．

$$R_1 : R_2 = R_3 : R_4 \tag{2・17}$$

よって，求める抵抗の値は

$$R_3 = \frac{R_1 R_4}{R_2} \tag{2・18}$$

となる．零位法では，感度の高い検流計を用いて正確にバランスを取ることによって，高精度な測定が可能となるが，測定には比較的長時間を要する．

指針の動き

ばねばかりに突然ものを吊るすと，上下に振動してなかなか重さを読み取れなかった経験があると思う．徐々に振動の幅が小さくなり，最後に一定値に落ち着くのは，空気との摩擦やばねの粘性により振動のエネルギーを失っていくことによる．電流計でも同様で，指針と可動コイルがもつ慣性モーメントをM，摩擦など回転角の時間変化に比例する制動定数をζ，バネの復元力に関する定数をkとすると，指針の角度θとトルクτとの関係は

$$M\frac{d^2\theta}{dt^2} + \zeta\frac{d\theta}{dt} + k\theta = \tau \tag{2・19}$$

となる．この微分方程式の解は制動率$\delta = \zeta/(2M)$と，固有角周波数$\omega_0 = \sqrt{k/M}$の大きさによって変わり，$\delta > \omega_0$，つまり制動が効いているときには図中（a）のように最終値に単調に近づいていくが，$\delta < \omega_0$，つまり制動が効かないときには（c）のように振動しながら最終値に近づく．（b）はちょうど$\delta = \omega_0$のときであり，この状態を**臨界制動**と呼んでいる．詳しくは力学の本に書いてある．指示計器は（b）の状態よりも若干振動的，つまり少しだけ（c）に近い状態になるように調整されている．
（b）のようだと，ダラダラと変化してどこで停止するのかわかりにくい．サッと変化していったん最終値を横切った後で戻ってくる方が早く値を読み取ることができる．アナログテスタなどの針は必ずそうなっているので，確認されたい．

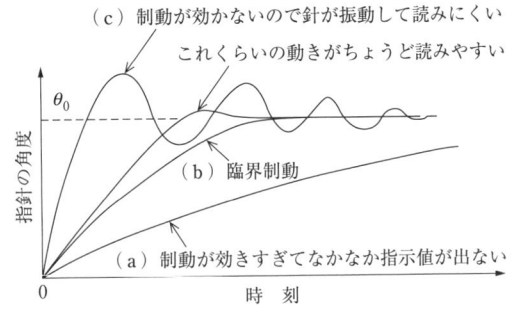

● 図　制動の大きさと指針の振れ方の関係 ●

まとめ

- 偏位法とは，測定器の指針などを振らせて，その振れの度合いから測定値を読み取る方法，零位法は二つの量のバランスを取って指示値を0にしていく測定法である．
- 指示計器は偏位法の測定を行う．
- 可動コイル形の電流計は直流電流用の代表的な指示計器である．
- 電流計には内部抵抗がある．
- 電流計を使って電圧を測定することもできる．
- 分流器によって電流計のレンジを変えることができる．
- 分圧器によって電圧計のレンジを変えることができる．
- 電流計と電圧計を組み合わせて，抵抗を測定することができる．
- 零位法によって正確な測定が可能である．正確な抵抗の測定にはブリッジ回路がよく利用される．

演習問題

問1 偏位法と零位法の定義と長所，短所を述べよ．

問2 内部抵抗 r の電流計と並列に分流器として抵抗 R をつないだとする．この回路に流れる電流の合計を I，電流計に流れる電流を I_0 とすると，式 (2·5) に示したように $I = (1 + r/R)I_0$ となることを，コンダクタンスの条件をもとに導け．

問3 最大目盛りが 1 A，内部抵抗が 0.045 Ω の可動コイル形電流計を使って，最大 10 A までの直流電流を測定する方法を説明せよ．

問4 最大目盛りが 10 V，内部抵抗が 10 kΩ の可動コイル形電圧計を使って，最大 100 V までの直流電圧を測定する方法を説明せよ．

問5 電池には内部抵抗があるので，負荷電流が流れると端子電圧が低下する．ある電池の端子電圧を内部抵抗 140 Ω の直流電圧計で測定したら，指示は 1.40 V であった．この電圧計と並列に 56 Ω の抵抗を接続すると，指示は 1.20 V になった．電池の内部抵抗と，電流を流さないときの端子電圧を求めよ．

問6 図 2·11 (b) のブリッジ回路で平衡が取れたとき，$R_1 = 300$ kΩ，$R_2 = 100$ kΩ，$R_4 = 50$ kΩ であった．被測定物の抵抗値を求めよ．

3章

電気計測（2）交流

　交流の測定に直流用の計器を使うと，指針は交互に振れようとするが，周波数に追従できず零点でほとんど静止する．これでは測定にならないので，交流用の指示計器では，極性にかかわらず同じ方向に指針が振れるような工夫がされている．電磁石と外部回路の組合せにより，電流，電圧，電力が測定できる．電気メータに使われる電力量計は，電磁誘導で円板を回転させ，回転数を数える．精密測定には，交流ブリッジを利用する．

1 交流波形を表すパラメータについて学ぼう

　交流計測は単一の周波数成分をもつ正弦波を対象とする．交流波形は 0 を中心に正負に振れるので，正と負の**ピーク**をもつ．正負のピークの大きさは同じである．波形の振れの最大値を**尖頭値**（ピーク値）と呼ぶ．

　例えば電圧で考えると，交流電圧の**瞬時値**は時々刻々変化する（**図 3・1**）．これは角周波数を $\omega = 2\pi f$ として

$$v(t) = v_0 \sin \omega t \tag{3・1}$$

と記述する．t は時刻を表す．v_0 はこの正弦波形のピーク値となる．正弦波は 1 周期にわたる平均を取ると必ず 0 となるので，交流波形を平均値で表現することには意味がない．

　抵抗負荷 R に交流電圧をかけたときに流れる電流は，電圧と同位相なので

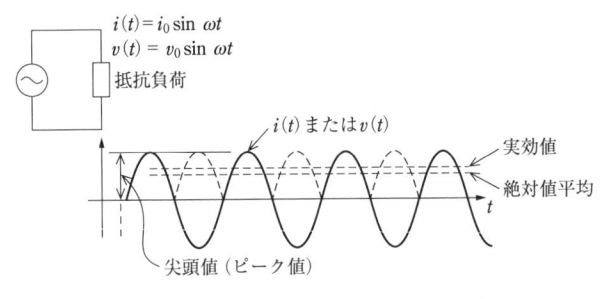

● 図 3・1　交流波形を表すパラメータ ●

$$i(t) = i_0 \sin \omega t = \frac{v_0}{R} \sin \omega t \tag{3・2}$$

したがって，抵抗で消費される電力の平均値は

$$\overline{p} = \frac{1}{2\pi} \int_0^{2\pi} \frac{v_0{}^2}{R} \sin^2 \omega t \, d(\omega t) = \frac{v_0{}^2}{2R} \tag{3・3}$$

仮にこの抵抗に直流電圧 V_e をかけて，$\overline{p}$ と同じ電力を消費させようとすると

$$\overline{p} = \frac{v_0{}^2}{2R} = \frac{V_e{}^2}{R} \tag{3・4}$$

より

$$V_e = \frac{1}{\sqrt{2}} v_0 \tag{3・5}$$

が得られる．これを交流電圧の実効値という．すなわち，実効値はピーク値の$1/\sqrt{2}$となる．つまり，「交流電圧の実効値は，抵抗負荷につないで同じ電力を消費させるための直流電圧に等しい」．同様に「交流電流の実効値は，抵抗負荷に流して同じ電力を消費させるための直流電流に等しい」ので，やはりピーク値の$1/\sqrt{2}$となる．

交流の測定では，整流してから直流計器で値を読むことがある．その場合にはいったん絶対値に変換してからその平均値を表示することになる．絶対値の平均は

$$V'_{av} = \frac{1}{\pi} \int_0^{\pi} v_0 \sin \omega t \, d(\omega t) = \frac{2v_0}{\pi} \tag{3・6}$$

となる．この値は実効値の$2\sqrt{2}/\pi$倍，すなわち約 0.90 倍となる．

❷ 整流形電流計の特徴を知ろう

整流形電流計は，ダイオードで交流電流を整流して直流電流計で測定するものである．原理的には**図 3・2**のような回路を使用する．実際の計器では，ダイオードの両端に発生する電圧の影響を少なくするように回路が工夫されている．ダイオードが理想的な動作をすると仮定すると，直流電流計を流れる電流波形は，負荷に流れる電流の瞬時値の絶対値となるので，絶対値平均を測定することになる．波形が正弦波であれば，絶対値平均と実効値との間には比例関係があるので，目盛りを工夫することにより実効値表示が可能である．

■ 3章　電気計測（2）交流

$$\overline{i_d} = \frac{1}{\pi}\int_0^\pi \sqrt{2} I_e \sin\omega t \, d(\omega t)$$
$$= \frac{2\sqrt{2}}{\pi} I_e \fallingdotseq 0.9 I_e$$

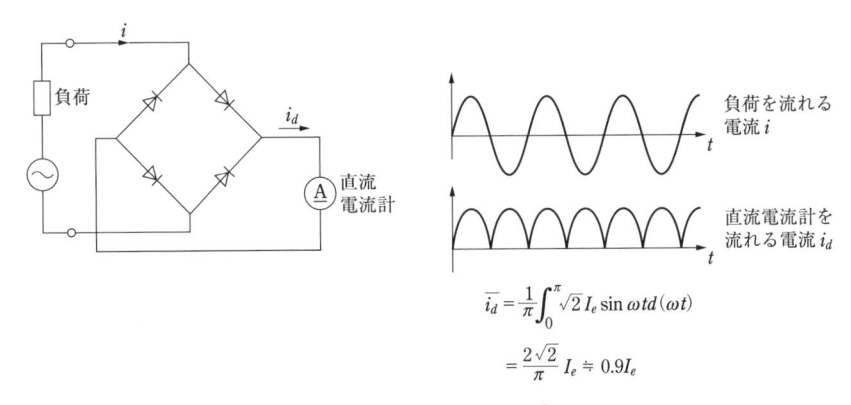

● 図3・2　整流形電流計 ●

③　可動鉄片形電流計の原理と特徴を知ろう

　可動鉄片形電流計は，電流によって生じる磁界の中に置かれた二つの磁性体（鉄片）の間に働く力を利用する電流計である．図3・3(a)に示す原理図のようにコイルの中に2本の磁性体を置き，コイルに電流を流して磁束を作用させると，それぞれの磁性体が同じ方向に磁化されるので，吸引力が働く．磁束の大きさは電流に比例するので，磁化の大きさも電流に比例する．吸引力は二つの磁性体の磁化の大きさの積に比例するので，結局電流の2乗に比例する．片方の磁性体を固定し，もう一方をばねを介して固定するようにすると，吸引力とばねの

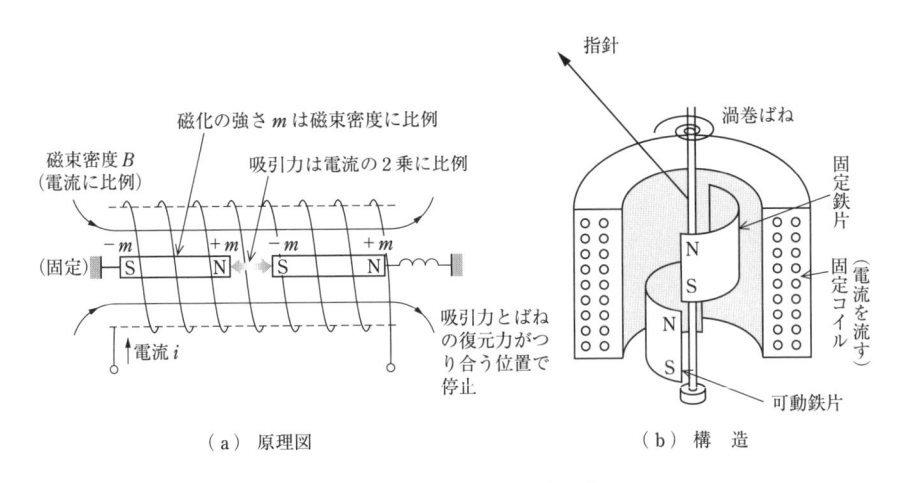

（a）原理図　　　　　　　　　　（b）構　造

● 図3・3　可動鉄片形電流計 ●

復元力がつり合う位置で停止する．

　磁束の方向が逆転して磁化の極性が変わっても2本の磁性体の極性は同じなので，吸引することに変わりはない．つまりコイルに交流電流を流しても指針は振れ，電流の大きさを知ることができる．原理的には直流電流でも交流電流でも測定できるが，精度の問題などから，直流電流には可動コイル形が多用されている．

　実際の可動鉄片形電流計は図3・3(b)のような構造になっている．コイルに流れる交流電流iを

$$i = i_0 \sin\omega t \tag{3・7}$$

とすると，瞬間的なトルクの大きさは瞬時電流の2乗

$$i^2 = i_0^2 \sin^2 \omega t = \frac{i_0^2}{2}(1-\cos 2\omega t) \tag{3・8}$$

に比例する．指針を含む可動部分には交流の周波数に追従できない程度の質量をもたせてあるとすると，i_0^2に比例する平均トルクと，回転角に比例する復元力がつり合う角度で指針が停止する．この原理では指示値は電流の2乗に比例する「2乗目盛り」となるが，実際の計器では，できるだけ電流に比例する「平等目盛り」となるように鉄片の形状などが工夫されている．

4 電流力計形計器による実効値の測定

　交流電流の実効値は瞬時電流を2乗して平均し，平方根をとることで得られる．

$$I_{rms} = \sqrt{\frac{1}{T}\int_0^T i^2(t)dt} \tag{3・9}$$

　図2・2で示した可動コイル形直流電流計の永久磁石を巻数n_2の固定子コイルを用いた電磁石に変え，図3・4のように接続すると，磁束密度Bはn_2と電流iに比例するので，この比例定数を$n_2 k$とする．トルクの平均値は可動コイルの巻数n，大きさを$a \times b$として

$$\tau_{av} = \int_0^T n_1 abi(t)B(t)dt = \int_0^T n_1 n_2 abki^2(t)dt \tag{3・10}$$

となり，電流の2乗に比例した値となる．レンジを切り換えるには，直流の場合と同様に，分流器を用いる．また，電流計を電圧計として使用する場合にも直流計測と同様，適当な倍率器を用いてレンジを調整する．ただし，周波数が高く

R_S：測定したい電流が大きいときに分流器として用いる

固定コイル（巻数 n_2）

可動コイル
（巻数 n_1
大きさ $a \times b$）

固定コイルと可動コイルがそれぞれ電流の瞬時値に比例した磁界をつくるので，結局電流の2乗に比例したトルクが発生する．

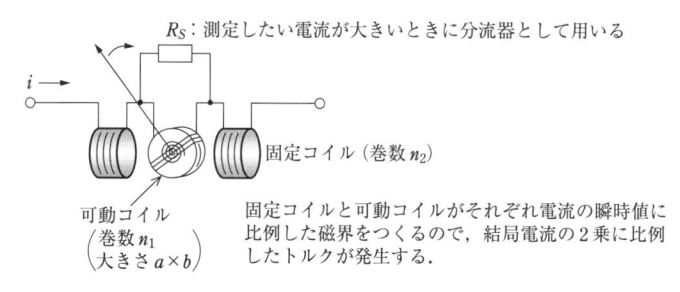

● 図3・4　電流力計形計器による交流電流の測定 ●

なるとコイルのインダクタンスが誤差要因となるため，この方法は商用周波数程度を限度とした測定に用いられる．

5　交流電力を測定しよう

交流電圧源に負荷をつなぐことを考える．負荷が線形とすると，電圧が正弦波であれば，電流も正弦波となる．抵抗負荷の場合は，電圧と電流の位相は一致する．電圧を

$$v(t) = v_0 \sin \omega t \tag{3・11}$$

とすると，電流は

$$i(t) = i_0 \sin \omega t \tag{3・12}$$

で表される．**瞬時電力**とは，電圧と電流の瞬時値をかけたものであり，時々刻々変化する．抵抗負荷の場合の瞬時電力は

$$p(t) = v_0 i_0 \sin^2 \omega t = \frac{v_0 i_0}{2}(1 - \cos 2\omega t) \tag{3・13}$$

となり，必ず0または正の値をとる．平均電力は

$$\overline{p} = \frac{v_0 i_0}{2} \frac{1}{\pi} \int_0^\pi (1 - \cos 2\omega t) d(\omega t) = \frac{1}{2} v_0 i_0 \tag{3・14}$$

となって，電圧と電流の実効値の積に一致する．しかし，これは特殊な場合で普通の場合，負荷は複素インピーダンスをもつので，電圧と電流の位相は一致しない．例えば図3・5(a)のように電流位相が電圧位相と異なっていたとすると，瞬時電力は負の値をとることがある．電力が負になるということは，負荷にいったん貯められたエネルギーが電源側に戻されることを意味する．このとき平均電力は $v_0 i_0 / 2$ よりも小さな値をとる．負荷がコンデンサまたはインダクタであれば，

5 交流電力を測定しよう

$i(t) = i_0 \cos \omega t$

$v(t) = v_0 \cos(\omega t + \theta)$

負荷

$i(t)$

$v(t)$

$p(t)$：瞬時電力
平均電力

電力が負になるということは負荷に貯まったエネルギーが電源に戻されるということ．

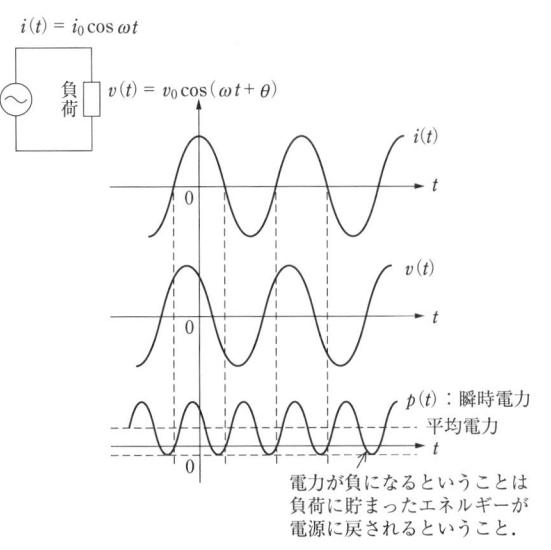

（a） 電圧・電流波形と瞬時電力の関係

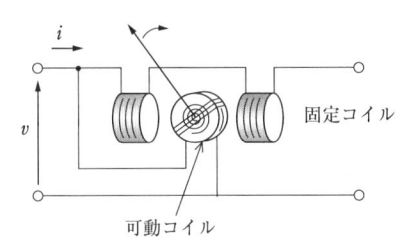

固定コイル

可動コイル

トルクは電圧と電流の瞬時値の積に比例する．
トルクの平均値は電力に比例する．

（b） 電流力計形計器による測定

● 図 3・5　交流電力の測定 ●

位相は 90°ずれ，瞬時電力は 0 を中心に正負に振れる．これは負荷と電源の間でエネルギーをやりとりするだけで，エネルギーは消費されないことを意味する．電圧と電流の位相が θ だけずれたときの平均電力は

$$\bar{p} = v_0 i_0 \frac{1}{\pi} \int_0^{\pi} \{\sin \omega t \sin(\omega t - \theta)\} d(\omega t) \tag{3・15}$$

となる．図 3・5 (b) はこれを測定するための計器である．電流力計形計器と同じ構造になっている．可動コイルには電圧に比例した電流が流れるように適当な抵抗を介して電圧をかけ，固定コイルには負荷電流を流すようにすると，瞬時電圧

と瞬時電流の積に比例したトルクが生じる．指針の動きは周波数に追従できないとすると，トルクの平均値とばねの復元力がつり合う角度で指針が静止するので，平均電力を読むことができる．

6 三相交流電力の測定について知ろう

三相交流電源から負荷に供給される電力の測定原理は基本的に単相の場合と同じである．中性点（△結線の場合は適当な仮想電位を考える）を基準とした各相の電圧と電流から平均電力を求めて加算すればよい．しかし，一相の電圧を基準にすると，その相電圧から見た他の二相の電圧およびそれら二相の電流がわかれば負荷に供給される電力を知ることができる．これにより計器の数を減らすことができる．三相交流の電力測定では図 **3・6** のように二つの計器を使用し，三相のうち一相を基準として二相の電力を測定して加算する．

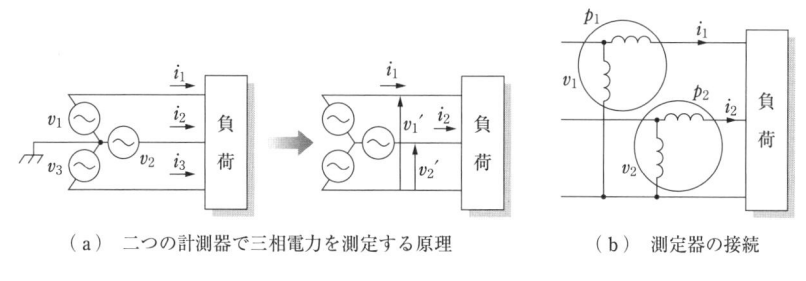

（a）二つの計測器で三相電力を測定する原理　　　　（b）測定器の接続

● 図 3・6　三相交流の電力測定 ●

7 熱電形計器の原理を知ろう

熱電形電力計は，電熱線に電流を流してその温度上昇を熱電対で測定するものである．コイルを使用した計器では，周波数が高くなるとインダクタンスによる誤差が発生するのに対し，この方法では数百から数 MHz に及ぶ周波数の電力を測定することができる．

図 **3・7** に示すように，抵抗 r の電熱線を真空中に置き，ここに流れる電流 i による発熱 $i^2 r$ による温度上昇を測定する．発熱量に比例して現れる温度上昇を熱電対で測定することにより電流の実効値を知ることができる．

8 積算電力計の原理を知ろう

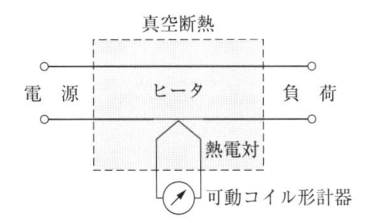

● 図3・7 熱電形計器の原理図 ●

8 積算電力計の原理を知ろう

電力は有効電力を積算した値で取り引きされる．家庭の電気メータは**積算電力計**と呼ばれ，円板の回転数から積算電力量を表示できるよう，巧みに工夫がなされている．**図3・8**はその原理を示している．アルミ円板を挟んで電流コイルと電圧コイルを配置する．電流コイルのインダクタンスは，負荷電流によってコイル両端に発生する電圧が無視できる程度に小さくとる．この電流は負荷電流と同位相であり，コイル両端部分の直下でアルミ円板と鎖交する磁束は互いに180°の

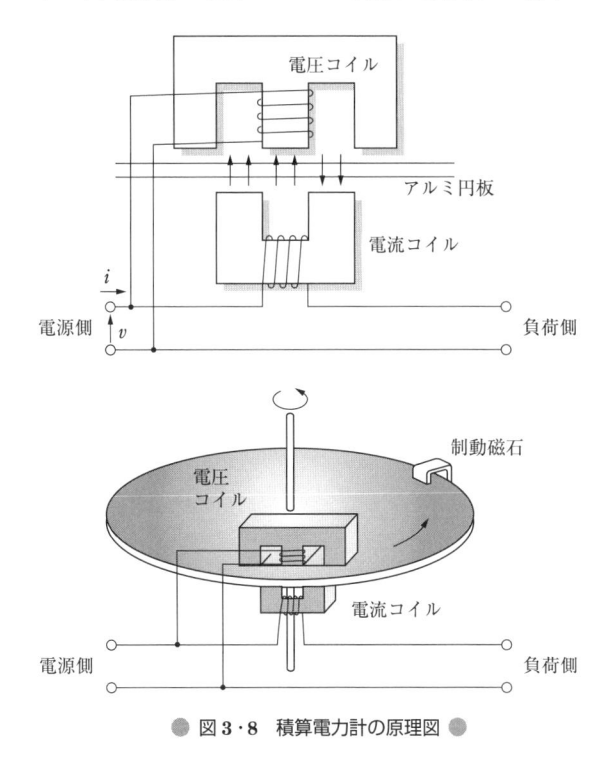

● 図3・8 積算電力計の原理図 ●

位相差をもつ．一方，電圧コイルのインダクタンスは流れる電流が電圧位相に対してほぼ 90°となる程度に大きく設定する．電圧コイル直下でアルミ円板と鎖交する磁束は電圧位相と 90°の位相差をもつ．

負荷力率が 1 の場合，つまり電圧と電流の位相が同じである場合には，90°ずつ位相がずれた交番磁束が三つ並ぶことになるので，磁束がアルミ円板をなめて一定の方向に移動を続けるかのように見える．その結果，誘導モータと同じ原理により，円板にトルクが発生する．トルクの大きさは電圧，電流の実効値を v_e, i_e，負荷力率を $\cos \varphi$ として

$$\tau = k v_e i_e \cos \varphi \tag{3・16}$$

で表される（k は比例定数）．例えば，力率が 0 で電圧と電流の位相が 90°異なる場合には，電圧コイルの直下の磁束は電流コイル直下のどちらかの磁束の位相と一致し，トルクの瞬時値が正負（左右回り）に振れるので，円板はどちら向きにも回転できない．このように，円板には有効電力に比例するトルクが発生する．

計器には制動用の永久磁石が取り付けられている．制動磁石の間隙でアルミ円板が回転すると，円板に渦電流が流れる結果，回転速度に比例して回転方向と逆向きのトルクが発生する．コイルがつくる磁束によって発生するトルクと，この制動トルクがつり合うように回転速度が決定されるので，結果として，回転速度はコイルの磁束によるトルクに比例する．トルクは負荷の消費電力に比例するので，回転速度の積分である回転回数は負荷の消費電力量に比例する．これをカウンタに表示させる．

⑨ 交流ブリッジ回路でインピーダンスを測定しよう

電力を電圧・電流の実効値の積で割れば力率が求められるので，この原理を使うと素子や回路のインピーダンスを測定することが可能である．しかし精度よく測定するためには**図 3・9**(a) のような交流ブリッジを使用することが多い．基本回路は直流ブリッジと類似しているが，被測定物が複素インピーダンスをもつ場合には平衡条件が回路要素の複素インピーダンスの比で表される．すなわち

$$Z_1 : Z_2 = Z_3 : Z_4 \tag{3・17}$$

図 3・9 (a) で，Z_3 が未知のインピーダンスであったとすると，その値は

$$Z_3 = \frac{Z_1 Z_4}{Z_2} \tag{3・18}$$

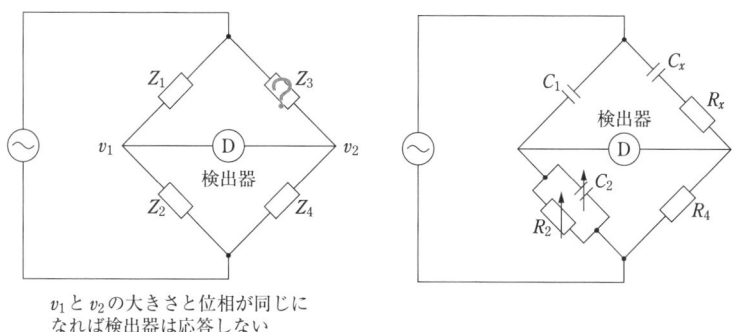

9 交流ブリッジ回路でインピーダンスを測定しよう

（a）原理図
v_1 と v_2 の大きさと位相が同じになれば検出器は応答しない

（b）シェーリングブリッジ

● 図3・9　交流ブリッジ回路 ●

から得られる．例えば Z_1 と Z_4 を適当な値に固定しておき，Z_2 を調整して検出器の出力が 0 になるようにバランスさせると Z_3 の複素インピーダンスがわかる．

図3・9(b) は実際にこれを実現させるために工夫された，シェーリングブリッジと呼ばれる回路である．被測定物はキャパシタと抵抗の直列回路で表されている．対辺には可変抵抗と可変キャパシタが並列に接続されており，検出器 D の出力が 0 になるようにこれらを調整する．他の二辺は純抵抗とキャパシタが接続される．このときの平衡条件は

$$R_x + \frac{1}{j\omega C_x} = \frac{\dfrac{R_4}{j\omega C_1}}{\left(\dfrac{1}{R_2} + j\omega C_2\right)^{-1}} \tag{3・19}$$

より

$$R_x = \frac{C_2}{C_1}R_4, \quad C_x = \frac{R_2}{R_4}C_1 \tag{3・20}$$

であり，これより被測定物をキャパシタと抵抗の直列回路と考えたときの定数が算出できる．この直列等価回路のインピーダンスは $\{R_x + (1/j\omega C_x)\}$ であるから，損失係数は

$$D_x = \omega C_x R_x = \omega C_2 R_2 \tag{3・21}$$

で求められる．

まとめ

- 可動鉄片形計器は，磁束の中に置かれた二つの磁性体（鉄片）の間に働く力によって指針を振れさせるものであり，商用交流程度の計測に用いられる．
- 熱電形計器は，負荷電流をヒータに流してわずかに温度を上昇させ，それを熱電対で測定して直流計器で表示させたものであり，高周波にも対応できる．
- 電流力計形計器は，可動コイルと固定コイルをもち，両方に流した電流による電磁力で指針を振らせる．接続のしかたにより，交流電力，および電圧・電流の実効値を表示することができる．
- 交流電力計二つを使って三相交流の電力を測定することができる．
- 積算電力計は，電磁誘導によりアルミ円板を回転させ，回転数をカウンタで数えて電力量を表示する．
- 交流ブリッジにより，複素インピーダンスを測定することができる．

演習問題

問1 実効値が100 Vの正弦波交流電圧がある．この電圧の尖頭値（ピーク値），平均値，および絶対値平均を求めよ．

問2 図3·6(b)の回路で，二つの交流電力計を使用して平衡三相負荷電力を測定したところ，一方の計器の指示が0となった．負荷の力率を求めよ．

問3 図3·9(b)のシェーリングブリッジでは，未知の試料は抵抗R_xとキャパシタンスC_xの直列回路で表され，R_2とC_2を調整して検出器の出力が最小になるようにする．いま周波数1 kHz，$C_1 = 2\,\mu\text{F}$，$R_4 = 1\,\text{k}\Omega$であり，$C_2 = 0.5\,\mu\text{F}$，$R_2 = 500\,\Omega$で検出器出力が最小となった．R_xとC_xの値を求めよ．また，損失係数D_xを求めよ．

4章

センサの基礎を学ぼう

本章では人工の感覚器といわれ，機械に知覚機能をもたせるための重要なデバイスであるセンサ (sensor) について学ぶ．センサの役割と種類，それぞれのセンサの動作原理と構成，センサを構成する電子回路技術について学ぶ．

1 センサとは？

センサは今日，日常生活のあらゆるところで使用されている．情報通信機器，自動車，航空宇宙，ロボット，環境，健康・福祉といった幅広い分野で使用される新しいセンサデバイス，センサと情報ネットワークとの融合技術，センサを利用した個人認証技術など，先進的なセンサ技術の役割は増加している．

人間は五感（視覚，聴覚，触覚，味覚，臭覚）によって外界の現象を知覚する．人間の五感とセンサの種類の対応を**表 4·1**に示す．産業用のロボット用語（JIS B 0134）では，このような感覚機能を実現するための検出素子のことをセンサと定義している．しかし，人間が感じることができない，電磁波，赤外線，放射線，超音波，低周波振動，あるいは，分子の動きを検出する素子もセンサと呼ばれている．センサとは物理的，化学的，生物学的な被測定量を電気信号などに変換する機能をもった電子デバイスまたは装置の総称である．

● 表 4·1 人間の五感とセンサの関係 ●

人間の器官	人間の感覚	センサの種類	センサ素子の例
目	視覚	光センサ	フォトダイオード，CCD
耳	聴覚	音響センサ	圧電素子，マイクロフォン
皮膚	触覚	振動センサ，圧力センサ，温度センサ	圧電素子，ひずみゲージ，サーミスタ，焦電素子
舌	味覚	味覚センサ	ISFET（ion sensitive FET）
鼻	臭覚	においセンサ	セラミックス素子

2 センサの役割を学ぼう

センサは人間社会の安全や快適さを改善し，生産活動を省人化・省エネルギー化するのに必要な電子デバイスである．また，今日において，センサとマイクロコンピュータ，あるいは情報通信機器との融合技術は情報処理の質や機能を飛躍的に発展させるためのキーテクノロジーの一つである．ここでは，状態の認識・判断および機器の制御に用いられるセンサの役割と要求される機能の概要を述べる．

〔1〕 基本的な役割

図4・1はセンサの基本的な役割をまとめたものである．センサの役割の一つとして計測対象，例えば部屋の温度を検知してインタフェースを通じて人間に知らせる．また，センサを制御システムに組み込んで，検知した部屋の温度を一定値に保つようにエアコンを制御する．機器の制御を目的とするセンサは被測定量の時間変化を正確に検出することが要求される．

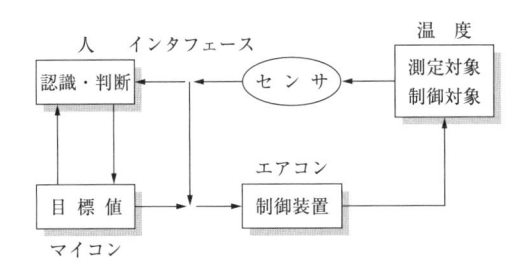

● 図4・1 センサの基本的な役割 ●

〔2〕 インテリジェントセンサ（スマートセンサ）

局所的な分散処理により信号処理を効率化する目的で開発されている**インテリジェントセンサ（スマートセンサ）**は知能化センサと呼ばれることもある．具体的にインテリジェントセンサの構成を述べるとセンシング素子とLSI，CPUなどをワンチップに搭載した信号処理装置のことである．

インテリジェントセンサの機能をまとめると以下のようになる．①判断機能があること，②間違いデータの補正ができること，③統計的情報処理ができること，④取込みデータ解析ができること，⑤複数のセンサ間での情報の交換が可能なこと，⑥環境変化への適合ができること，⑦アルゴリズムの変更その他適当量のメ

モリ空間があることなどである．

〔3〕センサフュージョン

センサフュージョン（感覚融合）とは，異種のセンサによる情報を融合して，単一のセンサでは得られない情報を検出しようとするものである．新しい技術として高度なセンシングシステムに必要である．自律移動ロボット，極限作業ロボット，あるいはセンシングによる交通状況認識など複雑な判断を要求されるものに積極的に取り入れられている．

3 センサの種類と原理を知ろう

前述のように，センサの用途は広範囲にわたるので，センサの種類もさまざまなものが要求されている．センサの種類を測定対象により分類すると，①力学量を検出するセンサ，②光を検出するセンサ，③電気・磁気量を検出するセンサ，④超音波を検出するセンサ，⑤温度を検出するセンサ，⑥ガスを検出するセンサ，⑦成分量を検出するセンサ，⑧X線や放射線量を検出するセンサなどがある．

被測定量の非接触検出を特徴とするセンサは，光や磁気，あるいは超音波などを媒介して検出するセンサである．光学式センサは検出範囲が広く，検出分解能や対ノイズ性に優れている特徴をもっており，検出対象の種類も多い．構造別では，固体素子で半導体 pn 接合をもつもの，固体素子で pn 接合をもたないもの，真空管によるものなどに光センサは種別される．その構造と素子名，使われる材料の関係を**表 4・2** に示す．

● 表 4・2 光センサの種類 ●

素子構造	素子名	材料
pn 接合	pn フォトダイオード	Si，Ge，GaAs
	pin フォトダイオード	Si
	アバランシェフォトダイオード	Si，Ge
	フォトトランジスタ	Si
	フォト IC，フォトサイリスタ	Si
pn 接合なし	光導電素子	CdS，CdSe，CdS・Se，PbS
	焦電素子	PZT，$LiTaO_3$，$PbTiO_3$
真空管	光電管，フォトマル，撮像管，UV トロン	

磁界を媒介とするセンサ（磁気センサ）の特徴としては，粉じん，オイルミストなどの発生する悪環境に強いこと，比較的シンプルな構造で小形化が可能であり，値段に比べ高性能が得られることなどがある．超音波を媒介とする超音波センサの用途は主に物体の検出である．特殊な用途としては物体の非破壊検査，流量計測などがある．

機械制御からの要求として必要性が高いのは，力学量を検出するためのセンサである．力（圧力，トルク）を検出するセンサはひずみゲージを利用することが多い．その他のセンサとして位置（変位）および加速度や角速度を検出するセンサが多用されている．変位を検出するセンサにはポテンショメータ，差動トランス，回転角センサ，リニアエンコーダ，ロータリエンコーダがある．加速度検出のために使用される半導体を用いた加速度センサには，静電容量検出方式のほか，ピエゾ抵抗効果を利用したもの，シリコン結晶異方性エッチングを利用したものなどが存在する．

角速度を測る計測器はジャイロスコープと呼ばれる．角速度センサとして，振動ジャイロ，回転ジャイロ，ガスレートジャイロ，光ファイバジャイロ，MEMS（micro electro mechanical systems）シリコンジャイロに分類される．また，回転速度を測定するためのセンサとしては，タコジェネレータ（tacho-generator）などがある．タコジェネレータはフレミングの右手の法則を原理とする直流発電機であり，回転速度に比例した直流電圧を発生する．

── ■ MEMS ■ ──

MEMS（micro electro mechanical systems）とは，半導体微細加工技術を応用して，シリコン基板などにセンサ，アクチュエータなどのデバイスをつくり込んだ超小形システムの総称．加速度を検出する MEMS 形のセンサは，自動車のエアバックシステムなどに応用されている．

以上に説明したセンサの多くは，センサ素子の物性的な機能や性質を利用している．センサに利用されている主な物性効果を以下にまとめて説明する．

（a）ゼーベック効果

ゼーベック効果（Seebeck effect）は，図 4・2 に示すように，2 種類の金属，あるいは半導体を接合したときに，二つの接点間の温度差が熱起電力として電圧

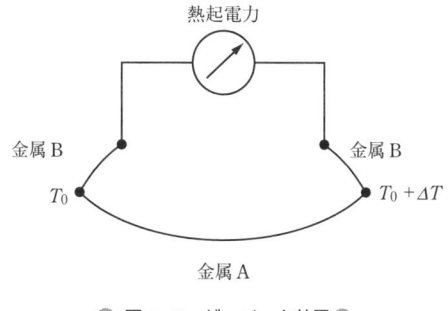

●図4・2　ゼーベック効果●

に直接変換される現象で，熱電効果の一種である．熱電対として精密な温度計測に利用される．

（b）　ホール効果

ホール効果（Hall effect）とは，電流の流れているものに対し，電流に垂直に磁界をかけると，ローレンツ力により電流と磁界の両方に直交する方向に起電力が現れる現象である．**図4・3**はn形半導体において印加磁界と流れる電流および起電力の関係を表す図で，⊖が電子を示している．半導体ホール素子は，位置・回転などの機械制御に多く使用されている．

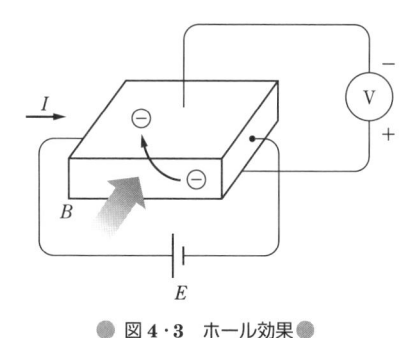

●図4・3　ホール効果●

（c）　ピエゾ抵抗効果

GeやSiなどの材料では，一軸性の応力による異方向的なひずみの影響により抵抗率が変化する．これは，応力による結晶の対称性の変化によって引き起こされるキャリヤ濃度の変化および移動度の変化によるものである．この**ピエゾ抵抗効果**を利用して半導体ひずみゲージがつくられている．

（d） 光電効果

光電効果を用いた単一の受光センサは，光によって電気抵抗が変化するもの（光導電素子），半導体の光効果によって起電力を生じるもの（光起電力素子），光によって固体表面から電子を放出するもの（光電子放出）がある．**図 4・4** は n 形半導体における，光導電効果を説明するためのモデルである．光は振動数 ν をもつ波動の性質と同時に，$h\nu$ のエネルギーをもつ光子の性質をもっている．ここで，h はプランク定数である．半導体に波長 λ（$\lambda = c/\nu$，c：光速度）の入射光が与えられると，これに対応して光子のエネルギー $h\nu$ を吸収したドナー準位や価電子帯の準位の電子が伝導帯に引き上げられる．この場合，半導体の自由電子キャリヤが増えるので導電性が増す．

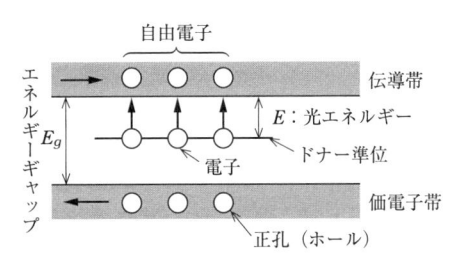

● 図 4・4 n 形半導体の光導電効果 ●

（e） 磁気抵抗効果

電流の流れている素子に磁界を作用させたときその抵抗が変化する現象を**磁気抵抗効果**（magneto-resistive effect）という．磁気抵抗素子には①磁界の印加により伝導電子（あるいは半導体のキャリヤ）の経路が変化する非磁性の素子と②磁性金属のもつ磁化の方向が磁界により変化すると，抵抗が変化する素子がある．

半導体など非磁性の磁気抵抗効果を**図 4・5** に示す．非磁性薄膜に磁界を印加するとローレンツ力により電子はその進行方向を曲げられる．つまり同図のように電流は磁界の印加により電流の通路が θ だけ曲げられるので，電子の走行距離が長くなり素子の抵抗値は増加する．

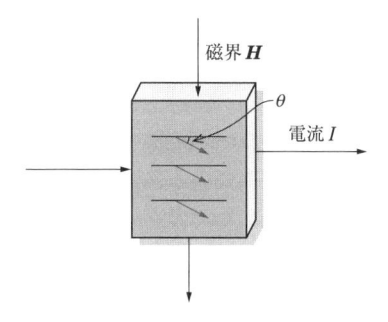

● 図4・5 非磁性体の磁気抵抗効果 ●

4 センサ用電子回路を理解しよう

　センサ用の電子回路はノイズと同程度のアナログ電気信号を安定に増幅する必要がある．信号を得るセンサの初段は高精度オペアンプ（operational amplifier）を用いて電圧または電流を増幅する．センサ素子をブリッジ回路に組み込んで信号対雑音比を向上させる方法もよく用いられる．

〔1〕 オペアンプ

　汎用オペアンプの端子の入出力の関係を**図4・6**に示す．反転入力端子2に入力される電圧 v_2 の出力電圧の極性は反転し，非反転の入力端子3に入力される電圧 v_3 の出力電圧は入力電圧と同相である．オペアンプの増幅度を A とすると出力電圧 $v_o = A(v_3 - v_2)$ が得られる．

　理想的なオペアンプの特性は①利得は無限大（実際は $10^5 \sim 10^7$），②入力インピーダンスが無限大（実際は $10^6 \sim 10^{14} \Omega$），③出力インピーダンスが無限小（実際は $100\,\Omega$ 以下），④応答の遅れがない，⑤出力のオフセット電圧が0（入力が0のとき出力が0）である．

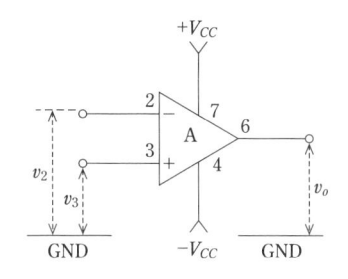

● 図4・6 汎用オペアンプ端子の入出力関係 ●

〔2〕 反転増幅回路

図 4·7 のように出力 R_2 を介して出力を反転入力端子 2 に戻したときの増幅率 A_f は

$$A_f = \frac{v_o}{v_i} = -\frac{R_2}{R_1} \qquad (4\cdot1)$$

となり，増幅率が外付け抵抗により正確に定まる．この式は，図 4·7 において端子 2 と端子 3 の電圧がともに接地されている（バーチャルショート）とし，帰還電流がオペアンプに流れ込まないと考えて得られる式である．すなわち

$$i_2 + i_1 = \frac{v_o}{R_2} + \frac{v_i}{R_1} = 0$$

より式 (4·1) が導かれる．この回路の入力インピーダンスは R_1 である．

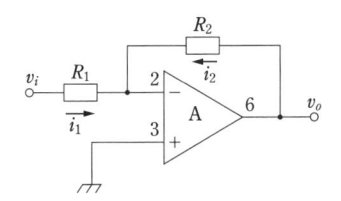

● 図 4·7　オペアンプによる反転増幅回路 ●

〔3〕 非反転増幅回路

非反転入力端子 3 に入力電圧を加え，反転入力端子 2 には出力電圧を R_1，R_2 でフィードバックする図 4·8 の回路が**非反転増幅回路**である．このとき増幅率 A_f は

$$A_f = \frac{v_o}{v_i} = 1 + \frac{R_2}{R_1} \qquad (4\cdot2)$$

であり，入力と出力の位相は同相である．この回路の入力インピーダンスはオペ

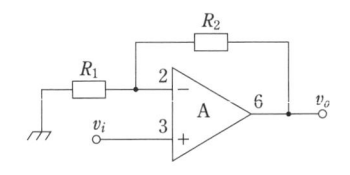

● 図 4·8　オペアンプによる非反転増幅回路 ●

アンプの入力インピーダンスと同じなので，ほぼ無限大とみなせる．したがって，センサに接続する増幅回路として用いられることが多い．また出力インピーダンスが極めて低い．

〔4〕 **差動増幅回路**

差動増幅回路は，非反転と反転の二つの入力 v_- と v_+ の差を増幅して出力する回路である．**図4・9**にはオペアンプによる差動増幅回路の構成を示す．この回路で非反転入力端子の電圧を v_3，および反転端子の電圧を v_2 と表すと，式(4・3)および式(4・4)が成り立つ．

$$v_3 = \frac{R_2}{R_1 + R_2} v_+ \tag{4・3}$$

$$-\frac{v_- - v_2}{R_1} = \frac{v_o - v_2}{R_2} \tag{4・4}$$

ここで，$v_2 = v_3$ が成り立つ場合，式(4・4)の v_2 に式(4・3)の v_3 を代入して，次式が得られる．

$$v_o = \frac{R_2}{R_1}(v_+ - v_-) \tag{4・5}$$

したがって，この回路の増幅率 A_f は

$$A_f = \frac{R_2}{R_1} \tag{4・6}$$

である．センサを通じてオペアンプの反転と非反転の端子に同じ位相で入ってくる同相ノイズ成分，つまり雰囲気の温度変動や振動などを除去することができるので，高精度の計測に適している．差動増幅回路の入力段に非反転増幅回路を設けた回路は，計装用差動増幅回路（instrumentation amplifier）と呼ばれ，専用でIC化されている．

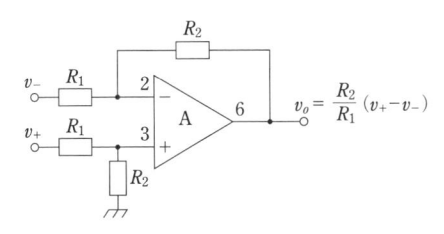

● **図4・9** オペアンプによる差動増幅回路 ●

〔5〕 ブリッジ回路

図 4・10 のブリッジ回路では，抵抗の変化を出力 V の変化として測定できる．例えばセンサ素子 R_1 の抵抗が ΔR だけ変化する（$R_1 = R_0 + \Delta R$）と，出力電圧 V は電源電圧 E を基準とすると平衡条件 $R_2 R_3 = R_0 R_4$ のもとで次式で表せる．

$$V = -\frac{R_4 \Delta R}{(R_1 + R_2)(R_3 + R_4)} E \qquad (4・7)$$

$|\Delta R| \ll |R_0|$ の場合でも出力 V が ΔR に比例するので，特に素子の微小な抵抗変化を検出する場合にブリッジ回路は用いられる．

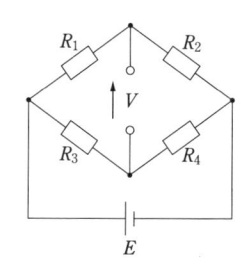

● 図 4・10　直流ブリッジ回路 ●

まとめ

本章では，基本的なセンサの役割，インテリジェントセンサとしてシステムを高度化するためのセンサの役割，あるいはセンサフュージョンとして情報処理を高度化し，判断を高度化するためのセンサの役割について学んだ．また，各種センサの種類については測定対象別に学び，センサ機能に利用されている，物性的な効果を学んだ．センサからの信号は一般に微弱なため，その信号を正確に増幅する電子回路技術についても学んだ．

演習問題

問1 電流が流れている固体素子に垂直な磁界を加えたホール素子の原理を図4·11に示す．電子はz方向の磁界B_zの力を受けその軌道が曲げられ，y方向の電子密度の不均一が生ずる．このためy方向に電界E_yが形成される．定常状態では電子に働く力がつり合うことから，定常状態の電界E_yをx方向の電子の速度v_xと磁界B_zにより表せ．

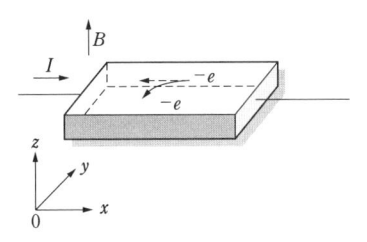

● 図4·11 ホール素子の原理 ●

問2 オペアンプを利用した回路により，センサ出力信号が正確に増幅できる理由を述べよ．

問3 バーチャルショートが成り立つ（図4·8の端子2と端子3の電圧が等しい）として式(4·2)を導け．

問4 式(4·7)を導け．

問5 ブリッジ回路からの出力をオペアンプにより10倍に差動増幅する回路の回路図を描け．

5章

センサによる物理量の計測 (1)

　本章では，物性を利用して電界，磁界，光，温度などを検出する固体センサデバイスの動作原理とその使用法について学ぶ．それらの固体センサデバイスは力学量を計測するためのセンサシステムの一部として組み込まれることも多い．光や磁気，あるいは熱などの相互作用として，特に半導体センサデバイスの基本動作を学ぶと同時にセンサ後段の信号処理回路の設計の基礎も学ぶ．

1 電界を計測しよう

　電界の計測技術は，その周波数によって異なる．最近では，電子機器の動作に影響を与える電磁波の環境を評価するために，広い周波数範囲の電界計測が必要とされている．このため光技術を応用した新しい電界センサの開発も盛んである．

〔1〕高入力インピーダンス FET

　絶縁体の表面電位，あるいは電荷分布を非接触で測定する方法を**図 5・1** に示す．膜表面に分布している電荷が発生する電界が測定プローブに電荷を誘起させ，その結果が高入力インピーダンスの FET ゲートへ影響を与える．FET のソース・ドレーン間に流れる電流を出力としている．

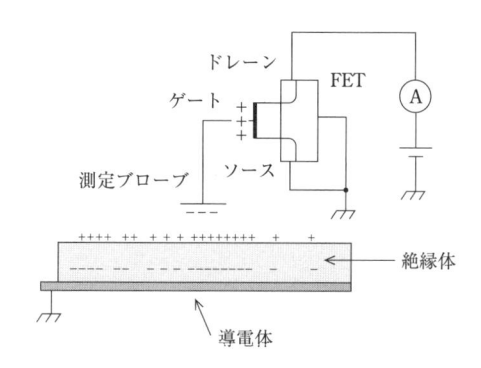

● 図 5・1　FET による電荷分布測定 ●

1 電界を計測しよう

〔2〕 光電界センサ

ニオブ酸リチウム（LiNbO₃）などの電気光学素子に外部から電界を加えると，素子を通過する光の屈折率が変化する．この現象を**電気光学効果**という．主屈折率の変化が電界の1乗に比例する場合を**一次光学効果**，または**ポッケルス効果**，2乗に比例する場合を**二次光学効果**，または**カー効果**と呼ぶ．

送・受信用の光導波路の中間位置に電気光学素子，検光子などを挿入した電界計測システムの構成を図 5・2 に示す．素子に印加された電界に比例して屈折率が変化すると，結晶中を通る偏光された光の偏光面が変化する．したがって，この偏光面の変化を検出することによって電界を計測することができる．光電界センサは周辺の電界を乱すことなく，電界の正確な計測が可能である．またセンサプローブの小形化が可能であり，一つのセンサプローブで測定可能な周波数の範囲も広い．

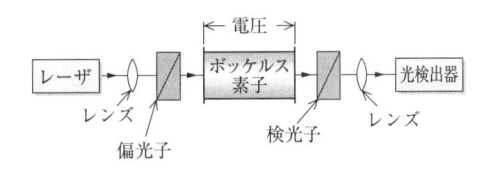

● 図 5・2　光電界センサ（ポッケルス効果形）●

――――― 光と偏光面 ―――――

光は電磁波と呼ばれる波の一つで，電磁波は電場（電界）と磁場（磁界）の振動が伝搬（伝わる）する現象のことである．真空中を伝わる電磁波は，光速 c で伝搬し，電場と磁場の振動方向は互いに垂直でかつ進行方向に垂直な平面内にある平面波と呼ばれるものである．ふつう，電場はベクトル E で，磁場はベクトル H（または B）で表現される．ここで，光の進行方向と磁場 H を含む面を光の偏りの面，または「偏光面」と呼び，また，電場 E を含む面を「振動面」という．また，偏光面の方向が揃っている場合を「偏光」という．

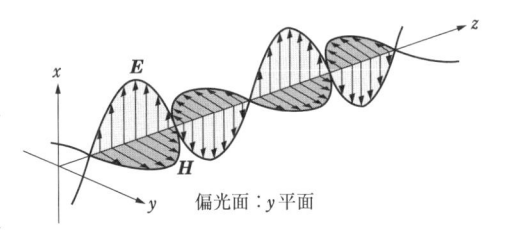

● 図　電磁波の電界ベクトル（E）と磁界ベクトル（H）●

2 磁界を計測しよう

磁界の計測技術も電界の計測技術と同様に周波数領域で異なり，また使用目的にも依存する．静磁界を計測するセンサは，機器の計測制御システムの一部として用いられることが多い．特に**ホール素子**はデスクトップパソコンの外部記憶装置のハードディスクドライブや CD-ROM，DVD ドライブなどの精密モータに多用されている．

〔1〕 ホール素子 ■■■

磁界 B がホール素子面に垂直として，電流と磁界と起電力の関係を**図 5・3** に示す．ここで I_H はバイアス電流（ホール電流）である．電流 I_H の方向および印加磁界方向のいずれにも直交した素子幅方向に印加した磁界に比例したホール電圧 $V_H = bE_y$ が生ずる．ここで，E_y は y 方向に形成される電界であり，b は素子の幅である．V_H をホール係数 K_H を用いて表すと

$$V_H = (K_H/d) I_H B \tag{5・1}$$

となる．ここで d は素子の厚さである．この式より V_H は B に比例するのでホール電圧を検出することにより，磁界の計測が可能である．ホール効果が電子の単一伝導による場合，ホール係数 K_H と導電率 σ および電子の移動度 μ との間には次の関係がある．

$$K_H \sigma = \mu \tag{5・2}$$

一般に，半導体ホール素子の伝導は電子および正孔のキャリヤが共に寄与する複合伝導であり，複合的なキャリヤ移動度がホール係数に関係する．

ホール素子単独の出力電圧はあまり大きくないので，磁界の計測用として，

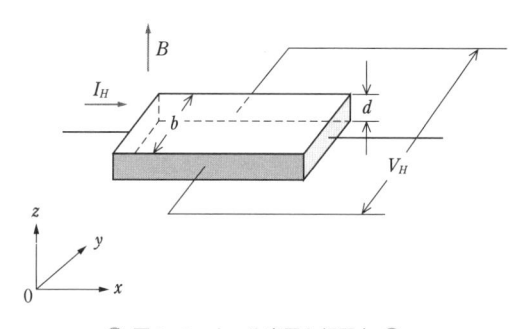

● 図 5・3 ホール素子と起電力 ●

InSb，GaAs，Si などのホール素子と増幅器を一体化構造とした**ホール IC** がある．**図 5・4** にはホール IC を利用した基本的な磁界計測回路を示す．電源接続端子を利用してホール IC に電流を流し，出力用の 2 端子間の電圧を差動増幅する．

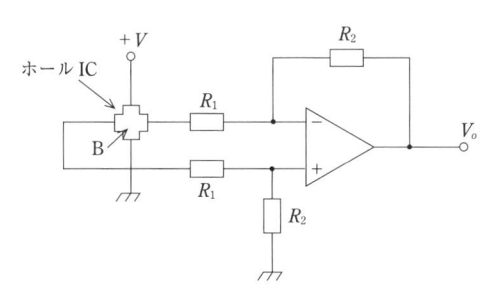

● 図 5・4　ホール IC を利用した磁界検出回路 ●

不純物半導体とキャリヤ

　シリコンのようにまったく不純物を含まない結晶を真性半導体という．真性半導体は常温での電気抵抗は高いが，高温にすると電気抵抗が低くなって導電体のような性質を示す．

　一方，真性半導体に対し，ある種の不純物を含んだ半導体を不純物半導体という．導電形の不純物として，周期表のⅢ族のボロンやアルミなどが微量に添加された半導体を p 形半導体という．これに対してⅤ族のリンやヒ素やアンチモンなどが微量に添加された半導体を n 形半導体という．

　p 形半導体では，マイナスの電荷をもつ電子の抜け穴（正孔）が電界によって移動するように観測される．したがって，p 形半導体ではプラス電荷の正孔が電荷を運ぶ担体，すなわちキャリヤである．また，n 形半導体では結晶内を自由に動き回る自由電子がキャリヤとなる．

〔**2**〕　**磁気抵抗素子**

　磁気抵抗素子（**MR 素子**）は，2 端子素子である．素子の抵抗が磁界の印加により変化する現象を利用している．MR 素子には非磁性半導体系の素子と強磁性金属系の素子がある．MR 素子の低磁界での，磁界と抵抗変化の関係は一般に式 (5・3) で与えられる．

$$R = R_0 (1 + \alpha B^2) \tag{5・3}$$

ここで，R_0 は磁界 0 の場合の抵抗を，B は磁界を，α は感度の係数を表して

いる．抵抗が磁界の2乗に比例して増加するので，磁界バイアスがない場合は，低い磁界での感度が低く，磁界の方向も検出できない．これを解決する方法として，図 **5・5** に示すように，バイアス磁界 B_b を与え，素子の動作点を移動することにより，磁界 B に比例した抵抗 R の変化を大きくする方法がある．このため，磁石と MR 素子を一体・複合化することが行われている．

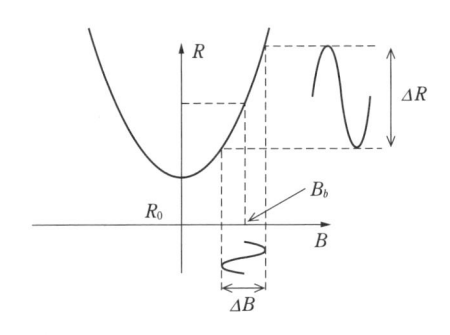

● 図 **5・5** 磁気抵抗効果センサの磁界検出特性 ●

③ さまざまな光計測について知ろう

　光は電磁波の一種であり，これには可視光のほか，紫外線や赤外線などもある．光の計測には各種の光センサを用いるが，光センサの感度は受光部の材料に固有な波長依存性を有しており，測定すべき光の波長によって選択しなければならない．ここでは，基本的な受光素子とそれによる光計測の概要を述べる．

〔1〕 光導電セル

　光導電セルは光によって内部抵抗が変化する素子である．真性半導体の場合には，波長 λ（$\lambda = c/\nu$, c：光速度）の入射光が与えられると，これに対応して光子のエネルギー $h\nu$ を吸収した価電子帯の電子が伝導帯に引き上げられ導電性が増す．吸収される光の波長は，半導体のエネルギー構造に依存する．エネルギーギャップ E_g をもつ真性半導体では，その限界波長 λ_0 が次式で与えられる．

$$\lambda_0 = 1.24/E_g \ [\mu\mathrm{m}] \tag{5・4}$$

ただし，エネルギーは eV の単位で，波長は $\mu\mathrm{m}$ の単位で表した．λ_0 より長いと光電効果を生じない．その材料に固有な E_g によって受光波長が異なるので，例えば，CdS や CdSe は可視光，PbS や PbSe は赤外線の検出に用いられる．一般に，光量変化に対する抵抗変化が大きいが，応答速度は $200\,\mu \sim 1\,\mathrm{ms}$ と遅

い．**図 5・6** には CdS セルを利用した光検出動作と光計測用の基本回路を示す．同図 (b) は最も基本的な抵抗による分圧を利用した回路である．出力電圧は次式に従う．

$$v_o = \left(\frac{R}{R_{\text{CdS}} + R} \right) E \tag{5・5}$$

実用的には，電源電圧の変動の影響を軽減するためにも CdS セルをブリッジ回路の一辺として用いることが多い．

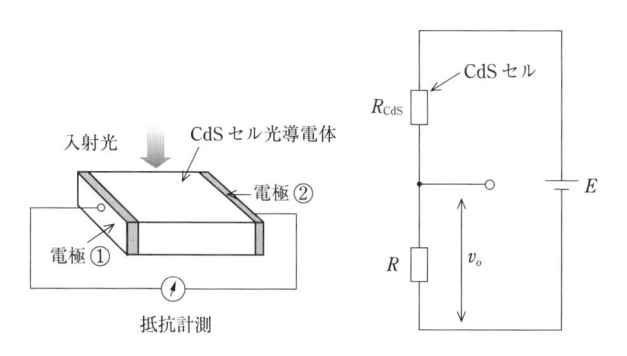

（a）CdS セルの光検出動作　（b）CdS セルを利用した光計測用分圧回路

● 図 5・6　CdS セルによる光計測 ●

〔2〕 フォトダイオード

フォトダイオードは光エネルギーを電気エネルギーに変換する素子で，その構造は半導体の pn 接合が基になっている．p 形半導体と n 形半導体を接触させて pn 接合をつくると，接合部付近の p 形半導体の正孔は n 形半導体の領域へ，逆に接合部付近の n 形半導体の電子は p 形半導体の領域へ移動する．pn 接合部分付近には，電子や正孔がキャリヤとして存在しない空乏層ができる．空乏層には電荷の不均衡による拡散電位差（電界）が生じる．**図 5・7** は表面の n 形の層を通して pn 接合に光が照射されているようすを示している．光が入射するとそのエネルギー $h\nu$ を吸収した電子は伝導帯に引き上げられ，元の価電子帯に正孔（ホール）を残す．この電子と正孔は空乏層の電界により互いに反対方向に拡散し，半導体の n 層に集まる電子の数と，p 層に集まる正孔の数が増える．すなわち，フォトダイオードでは光照射に起因した起電力が生じ，負荷に電流が流れる．検出できる光の波長限界が E_g で決まることは真性半導体を利用した光電素子と

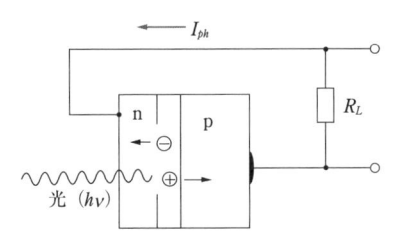

●図5・7　フォトダイオードの動作●

同様であるが，シリコンフォトダイオードは，紫外線から赤外線までの広範囲な波長感度を有し，入射光に対する直線性が優れ，微弱な光も検出できる．

また，pn 接合の接合容量を C_j とすれば，抵抗負荷との時定数 $\tau = C_j R_L$ が素子の応答速度を決める．一般的に，接合容量を減らすため，pn 接合の中間に高抵抗の i 層（intrinsic；真性半導体）を挟んだものは，**pin** フォトダイオードと呼ばれ，光応答が，シリコンフォトダイオードよりも高速（100 ps, 10 GHz）である．光通信，ファクシミリ，赤外線リモコンなどに用いられる．ただし，pin フォトダイオードは光導電的な動作で使用する必要があり，逆バイアス電圧を印加する．

〔3〕 フォトトランジスタ

フォトダイオードは，素子単体では出力電流が小さく，一般的には増幅回路を必要とする．実用のため，フォトダイオードと npn トランジスタを組み合わせたものが**フォトトランジスタ**である．ただし，応答性はフォトダイオードに比べ1桁以上遅い．**図5・8**はフォトトランジスタの等価回路であり，エミッタ接地の電流増幅度を h_{FE} とすると，エミッタ電流は $I_E = I_p h_{FE}$ となる．

フォトトランジスタを利用した基本的な回路はパルス的な入射光を検出する場合に適している．**図5・9**(a) に示すエミッタ出力回路は入射光と同位相の出力信

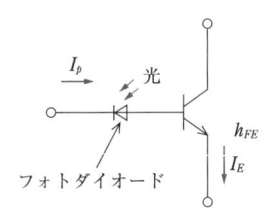

●図5・8　フォトトランジスタの等価回路●

(a) エミッタ出力　　　(b) コレクタ出力

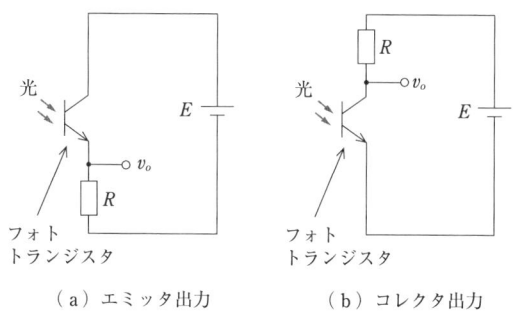

● 図5・9　フォトトランジスタによる光計測基本回路 ●

号を得ることができ，同図(b)のコレクタ出力回路は逆位相の出力信号を得ることができる．

〔4〕 焦電形赤外線センサ

強誘電体であるタンタル酸リチウム（$LiTaO_3$）は代表的な焦電材料である．温度変化に応じて誘電分極の大きさが変化し，それによって発生する電荷の量が異なる．素子表面に取り付けた電極を通して外部にこの電荷を取り出すことができる．高感度で波長依存性がないので比較的低温の物体の測定が可能である．体温を検知できるので，人間の近接センサとして使われている．

4　温度を計測しよう

温度センサは，接触式と非接触式に大別される．接触式では，被測温体の熱エネルギーがセンサに移動するので，被測温体が温度変化をきたす．したがって，接触式の温度センサを使用するためには，被測温体の熱容量が十分に大きいことが必要である．非接触方式では，被測温体への温度変化の問題はないが，放射エネルギーを集める光学系や電子回路が複雑になる．ここでは，温度の計測に用いられる主なセンサとそれによる温度計測の概要を述べる．

〔1〕 熱電対

熱電対とはゼーベック効果を利用した温度センサである．**図5・10**のように2種類の金属の両端を接続して閉回路をつくり，一方の端（測温接点）を被測定物に接触させ，もう一方の端（基準接点）を一定の温度（例えば0℃）に保つと，温度差に応じた電流が流れる．構造が単純，応答性がよい，測定温度が広いことが特徴である．熱電対の出力電圧は1℃あたり数十μVと非常に小さい．そのた

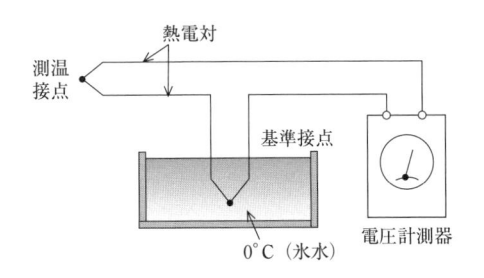

●図5・10　熱電対による温度の計測●

めに，熱電対の電圧測定回路では，オフセットやドリフトの小さい高精度のオペアンプや，計装用の差動アンプを用いるとよい．

〔2〕サーミスタ

サーミスタは温度により抵抗が変化するセンサである．電気伝導のメカニズムは，半導体の不純物電気伝導を利用している．温度特性からNTCサーミスタ，PTCサーミスタ，CTRサーミスタに大別される．NTCサーミスタは，温度上昇に対して減少する抵抗の変化特性を示す．測定温度範囲は－50〜＋400℃である．エアコン，冷蔵庫，体温計などの温度センサとして最も多く使用されている．PTCサーミスタは，温度上昇に対して増加する抵抗の変化特性を示す．電気回路やヒータの加熱防止装置に使用される．CTRサーミスタは温度上昇に対して特定の領域で急激に減少する抵抗の変化特性を示す．温度スイッチや温度警報用に使用される．サーミスタによる温度計測には**図5・11**に示すようなブリッジ回路と差動増幅回路を用いる．測定したい温度でのサーミスタの抵抗値に合わせて，同図のブリッジ右下部の抵抗R_Vを調節する．

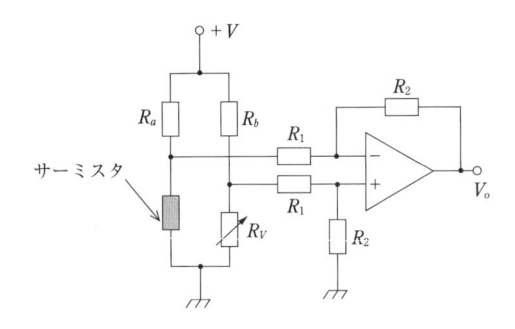

●図5・11　サーミスタによる温度測定回路●

〔3〕 IC 温度センサ

トランジスタのベース・エミッタ間電圧が温度に応じて変化することを利用した集積形のセンサが製品化されている．トランジスタをそのまま温度センサとして使うことで，センサ部分と制御回路を一つの IC パッケージ内に格納している．大量生産されるために安価であり，小形・高精度で経時変化も少ないのが特徴である．

まとめ

本章では半導体におけるホール効果，磁気抵抗効果，あるいは光電効果が，それぞれ磁界や光を検出するセンサ機能として有効に利用できることを学んだ．また，電界，温度などの計測においても半導体センサデバイスが使用される例が多いことを学んだ．また，それらの半導体センサデバイスの使用法，および使用法に適したセンサ信号処理回路設計の基本についても学んだ．

演習問題

問1 固体素子に磁界を作用させたときは，ローレンツ力により電子などのキャリヤの運動が曲げられ，見かけの抵抗率が増大する．図 5・12 に示すように，磁界 B 内を速度 v で運動する電子を考える．この場合，電子は半径 r の円弧を描き，平均自由行程 λ だけ進んで衝突する運動を繰り返す．見かけの平均自由行程（衝突間の直線距離）を λ_e，λ に対応する中心角を ϕ として次の関係が得られる．

$$\phi = \lambda/r \tag{5・5}$$
$$\lambda_e = 2r \sin(\phi/2) \tag{5・6}$$

B と r の関係を導き，B が小さい場合の抵抗率の変化が，B の 2 乗に比例することを示せ．ただし，抵抗率は平均自由行程の逆数に比例する．

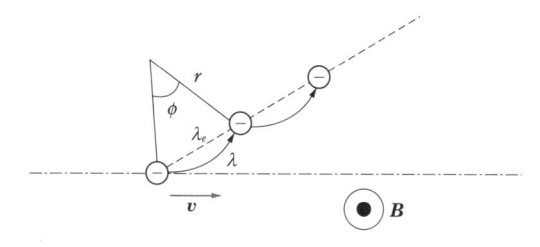

● 図 5・12 非磁性体の磁気抵抗効果 ●

問 2　ブリッジ回路の一辺に CdS 光導電セルを用いた**図 5·13** の回路で照度を測定したい．

(1) 照度が 0 の CdS セルの抵抗を R_0 として，そのとき出力 V_{ab} が 0 となる可変抵抗の値 R_V を求めよ．

(2) CdS セルをブリッジの一辺に組み込むと電源 E の変動の影響を図 5·6(b) の分圧回路に比べて軽減できるのはなぜか？

(3) CdS セルに並列に抵抗を入れると，回路設計の上で有利な点がある．それは何か？

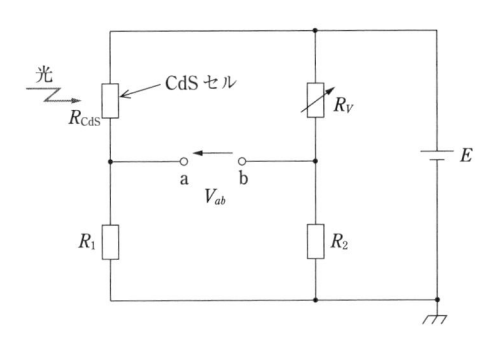

● 図 5·13　**CdS セルを用いたブリッジ形計測回路** ●

問 3　フォトダイオードにより光を計測する場合に，フォトダイオードを抵抗ブリッジに組み入れた検出回路が使用できない理由を述べよ．またフォトダイオードの出力を電圧として取り出すことができるオペアンプを一つ使用した回路を考えよ．

6章

センサによる物理量の計測 (2)

　本章では，機械制御からの要求として必要性が高い力学量を検出するためのセンサについて学ぶ．力学量の検出用のセンサとして圧力の計測，位置の計測，加速度の計測および速度の計測に用いられる主なセンサの構成原理とその使用法について学ぶ．それらのセンサは，システムとして変位構造を含むことが多く，目的に応じた変位構造と変位を検知する素子の組合せにより種々の力学量の計測を行っている．

1 圧力を計測しよう

　印加圧力に応じて物体が変形することを応用した弾性体方式が多く用いられている．圧力によって変形するダイアフラム（振動板）とダイアフラムの変形を検出する素子をもつセンサシステム構造は半導体製造技術を応用して小形化が可能である．ダイアフラムの微小変位を検知する素子として，ひずみゲージを用いる方法や静電容量変位計を用いる方法などがある．

〔1〕 ひずみゲージ

　ひずみゲージとは力によって生じたひずみを電気抵抗の変化に変換する素子のことである．図 6・1 には金属細線によるひずみゲージの基本構成を示す．ひずみゲージは金属，あるいは半導体の細線による抵抗線を構造体（絶縁基板）と一体化したものである．構造体に加わる力によって抵抗線が伸び縮みするときの抵抗変化を電気信号として検出する．ひずみと電気抵抗の関係は一般に次式で与えられる．

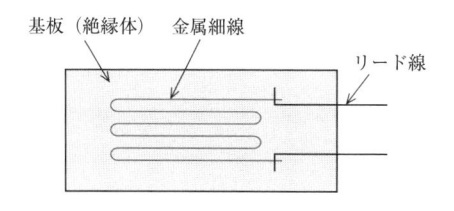

● 図 6・1　金属線ひずみゲージ ●

$$\frac{\Delta R}{R} = G \frac{\Delta L}{L} \tag{6・1}$$

ここで，R は電気抵抗，ΔR は電気抵抗の変化分，L は抵抗線の長さ，ΔL は抵抗線の長さの変化分，G はゲージ率である．ゲージ率は金属では 2～4，半導体では 20～200 である．すなわち，一軸性の応力により導電率が変化する半導体ピエゾ抵抗効果形のひずみゲージでは，ヤング率 Y を用いて式 (6・1) は式 (6・2) で近似される．

$$\frac{\Delta R}{R} \fallingdotseq \gamma Y \frac{\Delta L}{L} \tag{6・2}$$

ここで γ はピエゾ抵抗係数であり，γY がゲージ率を決めている．シリコンなどの単結晶を基板として，その表面に不純物を部分的に拡散する拡散形のひずみゲージでは，不純物を拡散した感受部をゲージとして使用する．

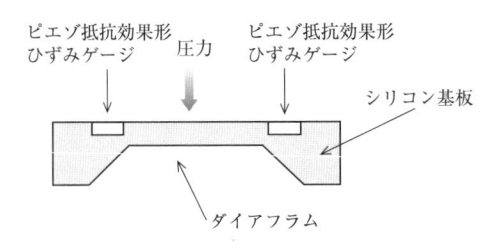

〔2〕 半導体圧力センサ

半導体圧力センサの基本構造を図 6・2 に示す．ダイアフラムはシリコン基板をエッチングして作製する．またダイアフラム上に，通常の IC 製作工程と同様の不純物拡散によってピエゾ抵抗効果形のひずみゲージを形成する．ダイアフラムに形成した 4 本のストレインゲージをブリッジ構成する半導体圧力センサの回路例を図 6・3 に示す．ここでダイアフラムに圧力がかると伸びる方向にひずむゲージの抵抗を r_b および r_c，また応力によって縮む方向にひずむゲージの抵抗を r_a，および r_d としてその回路動作を説明する．圧力が印加されない状態でブリッジ回路のバランスを調整しておくと，圧力に伴うダイアフラムの変形に比例したゲージ抵抗の変化により端子 a の電位が増加し，一方で端子 b の電位が減少する．すなわち，圧力に比例した端子 ab 間の電圧から圧力を計測することができる．この回路では，ツェナーダイオードの両端の電圧 V_z を R_0 で割った

● 図 6・2 半導体圧力センサの基本構成 ●

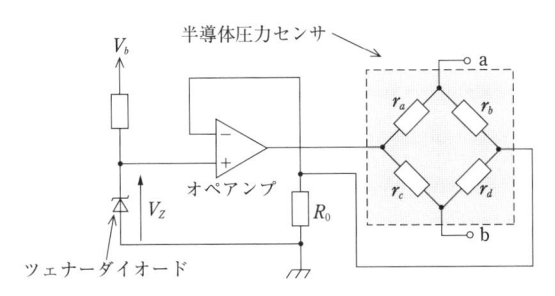

図6・3 半導体圧力センサ回路

一定の値の電流が流れる．半導体のひずみゲージでは素子の温度特性を補償するために，一般にこのような定電流駆動回路が必要である．また，圧力センサの出力電圧（端子 ab 間の電圧）は小さいので，実用的には差動増幅回路で増幅する．

〔3〕 静電容量形圧力センサ

静電容量形圧力センサは，圧力を静電容量の変化として計測するセンサである．図6・4に示す平行平板コンデンサの静電容量 C は電極の面積を A，および電極間の距離を d として次式で与えられる．

$$C = \varepsilon \frac{A}{d} \tag{6・3}$$

ここで ε は誘電率である．式 (6・3) より，電極を電極面に平行に動かして実効的な面積 A を変化させるか，あるいは電極間の距離 d を変化させることにより微小な変位を容量の変化として検出できることがわかる．したがって，微小変位と圧力を比例させる構造により，圧力センサを構成できる．例えば，応力により変形するシリコンのダイアフラムの上に金属電極を蒸着し，それを可動電極とすることにより固定電極との間の可変容量形圧力センサとなる．

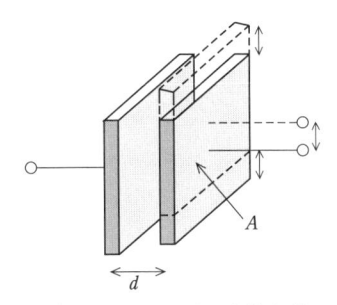

図6・4 静電容量変位計

2 位置を計測しよう

一般的にある地点からの変位を位置として計測する．回転的な変位を検出するセンサには，ロータリエンコーダ，ポテンショメータがある．また，直線的な変位を検出するセンサには，リニアエンコーダ，ポテンショメータ，差動トランスなどがある．ここでは，回転的変位を検出するセンサの例としてロータリエンコーダを，直線的変位を検出するセンサの例として差動トランスについて説明する．

〔1〕 ロータリエンコーダ

ロータリエンコーダは，出力パルスを利用して回転角度，回転数および回転方向を検出するセンサである．回転軸の回転角に対応して連続のパルス列を出力する**インクリメンタル形**と，回転軸の回転変位を2進数のコードで出力する**アブソリュート形**がある．インクリメンタル形では，出力パルス数を累計することにより回転角が得られる．アブソリュート形では，絶対角度を検出することができる．図6・5に示す光学式のロータリエンコーダは，スリットをもつ円板と，発光および受光素子を組み合わせた方式である．円板の回転に伴い発光素子からの光がスリットを透過する．受光素子を利用してその受光量の変化を電気的なパルス列信号に変換することができる．このパルス列出力を計数することにより回転角度が求められる．A相とB相の出力信号の位相差は図6・6に示すように90°の差が生ずるように構成され，A相の立上り時のB相の出力状態を知ることにより，回転方向も検出できる．また，Z相は，円板の1回転ごとに一つのパルス出力信号を得るためのものであり，回転の原点位置を検出する．

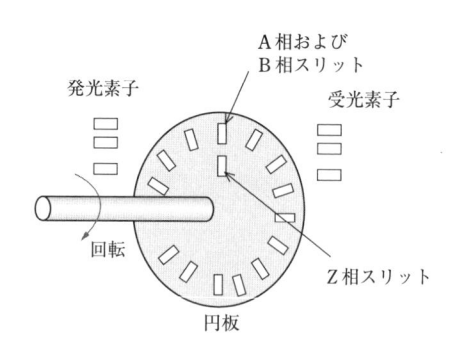

● 図6・5 光学式ロータリエンコーダの基本構成 ●

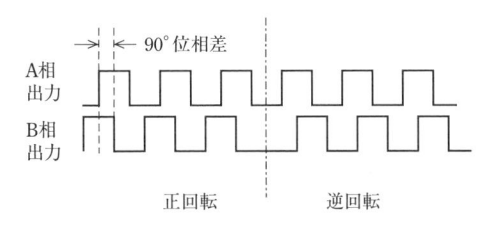

● 図 6・6　ロータリエンコーダの出力信号波形 ●

〔2〕 差動トランス

差動トランスは，可動磁心の上に巻いたコイルの変圧器作用によりロッドに接触する部位の直線的な変位を検出するセンサである．図 6・7 に差動トランスの構造を示す．1個の一次コイルと2個の二次コイルからなり，一次コイルを励磁用，二次コイルを検出用のコイルとする．図 6・8 にその結線図を示す．一次コイルに交流電圧 e_1 を加えると，二次コイルに誘導される電圧 e_{2A} および e_{2B} は可動磁心の位置によって変化する．すなわち，磁心が中央にあるならば2個の二次コイルに誘起される電圧は等しく，コアが変位するに従って，e_{2A} と e_{2B} に差が生じる．2個の二次コイルに誘導される電圧の差を出力とすることにより，変位に比例した検出特性を得ることができる．

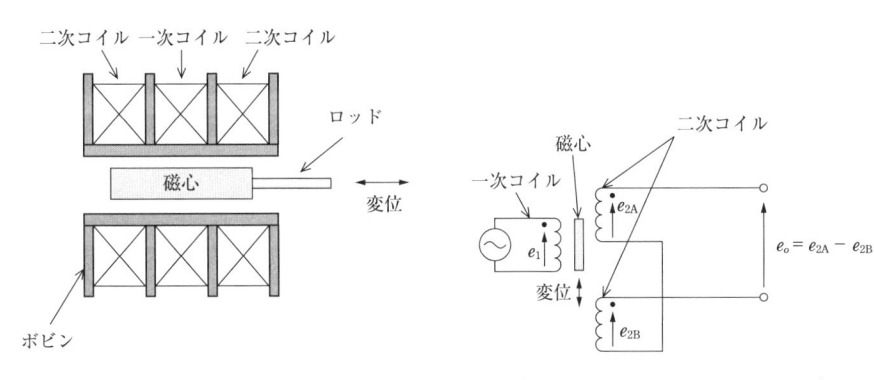

● 図 6・7　差動トランスの構造 ●　　● 図 6・8　差動トランスの結線図 ●

3 加速度を計測しよう

一般的な加速度の計測原理を，図 6・9 に示す．ばねによって支持されたおもりに，加速度が加わったときのばねの変形を利用するものである．質量 m の物体に加速度 α が加わったとき，物体に働く力は

$$F = m\alpha \tag{6・4}$$

と表せる．今，物体をばね定数 k のばねにより支持したとすると，フックの法則により物体の変位 δ と加速度 α の関係が次式のように求められる．

$$m\alpha = k\delta \tag{6・5}$$

ここで，加速度は式 (6・4) と式 (6・5) より，式 (6・6) で表される．

$$\alpha = k\delta/m \tag{6・6}$$

したがって，加速度は変位 δ に比例する．加速度の計測用のセンサとしては，ピエゾ抵抗形ひずみゲージを利用するもの，静電容量形の変位センサを利用するもの，あるいは圧電素子を利用するものなどがある．

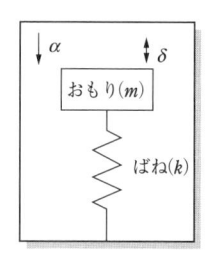

● 図 6・9 加速度計測の原理図 ●

〔1〕ピエゾ抵抗形加速度センサ

図 6・10 に示す加速度センサは，シリコン基板を加工して作製した片持ちばりの根元に不純物拡散による**ピエゾ抵抗形ひずみゲージ**を構成している．この構造では，一端を固定した片持ちばりをおもりとそれを支持するばねとして使用しているので，はりの根元の変位量から加速度 α を計測できる．このセンサは半導体の製造技術を応用できるので，小形化および量産化に適している．

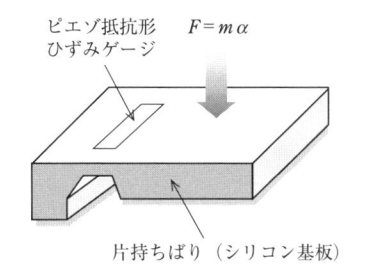

● 図 6·10　ピエゾ抵抗形加速度センサ ●

〔2〕 容量変化形加速度センサ

　加速度センサ内に一定質量の可動電極を設け，それをダンパで支持する構造をもつ．図 6·11 にその構造を示す．固定電極と可動電極間の微小変位と電極間の静電容量が比例するので，その静電容量の変化から加速度を計測するものである．

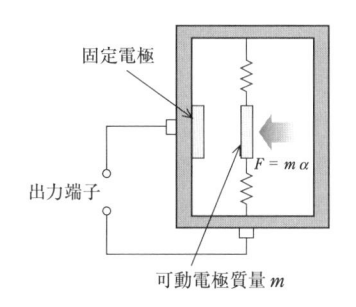

● 図 6·11　容量変化形加速度センサ ●

4　速度を計測しよう

　速度の計測法には，タコジェネレータにより回転体の回転速度を検出する方法や超音波やマイクロ波を用いたドップラー効果を原理とした移動体の速度計測法がある．また，角速度を計測するセンサとしてジャイロスコープがある．変位センサの出力を微分して速度を得る方法や，加速度センサの出力を積分して速度を得る方法も適用できる．

〔1〕 タコジェネレータ

　タコジェネレータは回転体の回転速度を計測するセンサである．図 6·12 に示すように直流モータと同じ内部構造をもつ発電機を利用できる．通常，直流モー

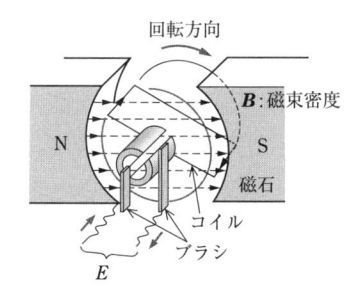

● 図 6・12 タコジェネレータのしくみ ●

タの回転速度を検出し，その速度制御のために使用されるから，直流モータと一体に組み立てられていることが多い．電磁誘導のフレミングの右手の法則により，左右の回転方向に依存して正回転（右回転）では正の電圧，逆回転（左回転）では負の電圧を発生し，電圧が回転速度に比例する．

〔2〕ドップラー効果形センサ

図 6・13 に示すように速度 v で移動する物体に対して，角度 θ_1 で波長 λ の波を入射させ，物体から θ_2 の角度の反射波を受信する．このとき反射波はドップラーシフトにより送信波の周波数から Δf の周波数差を生ずる．Δf と速度 v の関係式は次式で与えられる．

$$v = \frac{\Delta f \cdot \lambda}{\cos\theta_1 + \cos\theta_2} \tag{6・7}$$

式（6・7）の v と Δf の関係を用いて物体の移動速度を計測できる．ドップラー効果を原理とする速度センサは道路の上や横に送・受信器を設置することにより，自動車の走行速度を計測する用途などに用いられる．

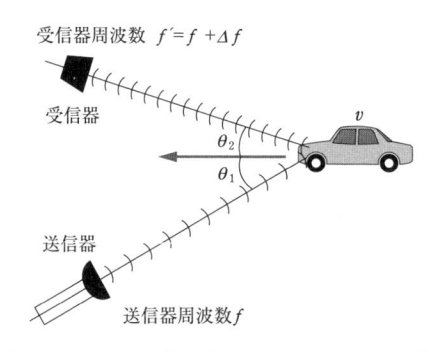

● 図 6・13 ドップラー効果形速度センサの原理 ●

〔3〕 ジャイロスコープ

ジャイロスコープは角速度を検出するセンサで車両やロボットなどの姿勢制御に必要とされる．振動ジャイロ，回転ジャイロ，ガスレートジャイロ，光ファイバジャイロなど，その種類は多い．振動ジャイロは，振動する物体に回転力が加わった場合に振動垂直方向に発生する**コリオリ力**を検出することを原理としている．質量 m をもつ振動体の駆動振動速度を v，振動体に与えられる回転角速度を ω とするとコリオリの力 f_c は次式で与えられる．

$$f_c = 2m\omega v \tag{6・8}$$

使用される振動材料としては，圧電体，半導体などがあり，振動体の形状としては，三角柱，円柱，平板，多脚など多くの構造が考案されている．

まとめ

本章では，センサを用いた応力，位置，加速度，速度などの物理量の計測についてその概要を述べた．力学量を計測するためには，センサシステムに種々の変位構造が要求されることが多い．変位を検知するセンサとしては，ひずみゲージ，光学式センサ，磁気式センサ，静電容量形のセンサなど種々のセンサが用いられる．基礎的なセンサデバイスの動作原理と変位部分の構造を含めた計測システム全体をよく理解することが重要である．近年は，半導体製造技術を応用して，変位構造部分を含めたセンサシステムの小形化が進み，それとともに力学量を計測するセンサの用途が広がっている．

演習問題

問1 円柱金属棒によるひずみゲージモデルについて以下の問いに答えよ．

(1) **図6・14**のように円柱状の金属棒を張力印加により弾性範囲内で微小変形させることを考える．このとき円柱の長さが L から $(L+\Delta L)$ に伸び，円柱の半径は r から $(r-\Delta r)$ に減少したとする．円柱棒の体積が変わらないとすれば次式の関係が成り立つことを示せ．

$$\Delta L/L - 2\Delta r/r \fallingdotseq 0 \tag{6・9}$$

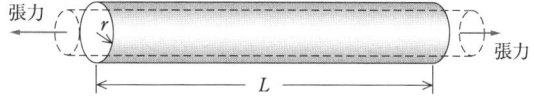

● 図6・14 円柱金属棒によるひずみゲージモデル ●

ただし，$\Delta r/r \ll 1$ と考え $(r-\Delta r)^2 \fallingdotseq r^2 - 2r\Delta r$ として求めよ．

(2) 張力による微小変形に伴う円柱棒の抵抗の変化を求めたい．張力により抵抗率 ρ は変化しないと考えた場合，変形による円柱棒の抵抗の変化率が，次式により表されることを示せ．

$$\Delta R/R \fallingdotseq \Delta L/L + 2\Delta r/r \qquad (6 \cdot 10)$$

［ヒント］$x \fallingdotseq 0$ のとき，$1/(1-x)^2 \fallingdotseq 1+2x$

(3) この円柱棒を金属細線ひずみゲージとして考える．(1), (2) より張力印加に伴う体積および抵抗率の変化が無視できる場合のゲージ率がほぼ 2 になることを示せ．

問 2 ひずみゲージを利用して計測できる力学量にはどのようなものがあるか？ いくつかの例を述べよ．

問 3 ピエゾ抵抗効果形のひずみゲージが金属細線のゲージ率より大きいのはなぜか？

7章

計測値の変換

　計測した信号を，処理するためには，処理に適した形式に変換する必要がある．物理量をセンサなどで電気信号に変換しその信号をコンピュータで処理できる形式に変換する必要がある．センサからの信号は連続した量，すなわちアナログ量であることが多い．そのため，まずアナログ量を処理に適した状態にし，コンピュータで処理できるディジタル量に変換する．本章ではこの過程で用いられる技術について学ぶ．

1 アナログ量を変換する方法を知ろう

〔1〕 レベル変換

　センサからの信号は微小なアナログ信号であることが多い．そこで計測器やコンピュータで扱える大きな電圧に増幅する．つまりアナログ信号のレベル変換が必要になる．このためにはIC化された**演算増幅器**（operational amplifier，オペアンプ）が用いられる．このオペアンプの中身は集積回路で構成されており，数十の抵抗，トランジスタが組み込まれている．このオペアンプがアナログ信号の処理によく用いられる．

　オペアンプの基本的な記号を図 7·1 に示す．オペアンプには反転，正相（非反転）の二つの入力端子と一つの出力端子，正負の二つの電源端子がある．この二つの入力端子の差の電圧を増幅し出力端子に出力することがオペアンプの働きである．このオペアンプで「利得と入力インピーダンスが無限大，出力インピー

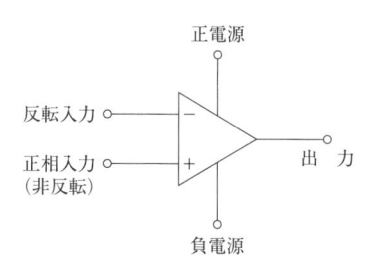

● 図 7·1　オペアンプの回路図 ●

ダンスが0」としたのが理想オペアンプである．現実には，これらは有限の値だが，基本的な動作を理解するには，この理想オペアンプで考える．

図7・2に示す基本回路で，Aの利得を無限大とすると，出力V_oが飽和しない状態での逆相，正相入力端子間電圧e_iは極めて小さく，ほぼ0と見てよい．よって，一方の入力端子（図では正相入力端子）がアース（接地）されていると，他方の入力端子（図では反転入力端子）もアース電位と見ることができる．すなわち，実際にアースされているわけではないが，電位的にアース電位なので，これを仮想アースという．また，入力インピーダンスが無限大なので，入力電流I_i（$=V_i/Z_i$）はすべてフィードバック（帰還回路）側を流れると見ることができる．よって，出力電圧V_oは次式で表される．

$$V_o = -I_i Z_f = -\frac{V_i}{Z_i} Z_f = -\frac{Z_f}{Z_i} V_i \qquad (7 \cdot 1)$$

● 図7・2　オペアンプの基本回路 ●　　　　● 図7・3　反転増幅回路 ●

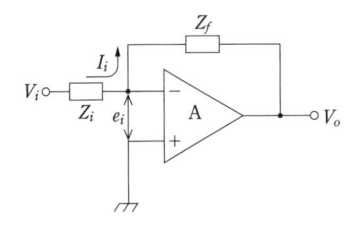

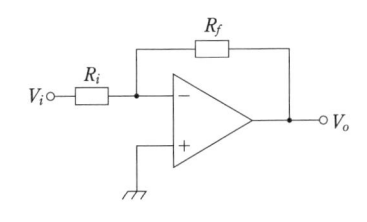

図7・3に示すように，この基本回路で$Z_f = R_f$，$Z_i = R_i$を抵抗で実現することにより電圧の増幅ができる．

$$V_o = -\frac{R_f}{R_i} V_i \qquad (7 \cdot 2)$$

〔2〕 **インピーダンス変換**

一般にセンサからのアナログ電圧出力信号は等価的に電圧源V_sと内部抵抗R_sの直列回路で表せる．この内部抵抗（内部インピーダンス）が大きい場合，計測装置などの負荷をつなぐことによってセンサの出力電圧が小さくなってしまう．そこでオペアンプを用いてセンサの内部抵抗の影響を小さくする．そのために**ボルテージフォロワ回路**を用いる．回路図を**図7・4**に示す．この回路は非反転増幅回路の増幅率が1の場合の回路である．この回路では，オペアンプの入力インピーダンスがほぼ無限大のためセンサからの電流は流れない．また，オペアン

2 アナログとディジタルの変換の意味を学ぼう

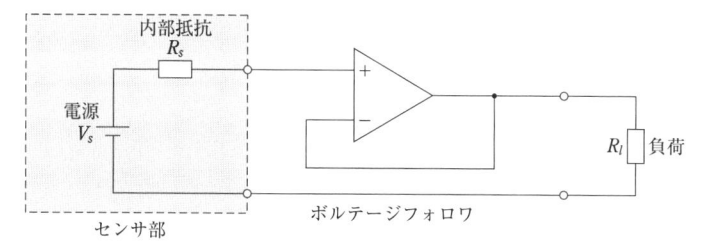

図7・4 ボルテージフォロワによるインピーダンス変換

プの出力インピーダンスもほぼ0であるため，ボルテージフォロワを接続することによりセンサに影響を与えることなく，計測器を接続できる．

❷ アナログとディジタルの変換の意味を学ぼう

計測や制御においてはコンピュータを用いて処理をすることが多くなっている．そこでセンサからのアナログ電圧をディジタル量に変換する**アナログ・ディジタル変換（A-D 変換）**や，コンピュータで処理したディジタル量をアナログ電圧に戻す**ディジタル・アナログ変換（D-A 変換）**が必要になる．

● ディジタル量の表現

通常，コンピュータで使われるディジタル信号は，2進数で表される．一方，一般的に使われるのは **10 進数**である．この 10 進数を用いて，ある整数 N を表すと次のように表現できる．

$$N = d_{m-1}10^{m-1} + d_{m-2}10^{m-2} + \cdots + d_0 10^0 = \sum_{i=0}^{m-1} d_i 10^i \quad (ただし,\ d_i = 0,\ \cdots,\ 9)$$

(7・3)

例えば，10 進数 123 は

$$(123)_{10} = 1 \times 10^2 + 2 \times 10^1 + 3 \times 10^0$$

と表される．

2進数の場合は整数 N は次のように表現できる．

$$N = b_{n-1}2^{n-1} + b_{n-2}2^{n-2} + \cdots + b_0 2^0 = \sum_{i=0}^{n-1} b_i 2^i \quad (ただし,\ b_i = 0,\ 1) \quad (7・4)$$

10 進数の 123 は 2 進数では，次のようになる．

$$(123)_{10} = 1 \times 2^6 + 1 \times 2^5 + 1 \times 2^4 + 1 \times 2^3 + 0 \times 2^2 + 1 \times 2^1 + 1 \times 2^0$$
$$= (1111011)_2$$

2進数では1桁の情報が"0"か"1"かの二つの状態で表される．この2進数1桁の情報を**1ビット**（**bit**）という．ディジタル回路においては，この二つの状態を電圧の違いで表す．

③ D-A 変換について学ぼう

まず，ディジタル信号をアナログ信号に変換するD-A変換器について考える．

A-D変換器には，その一部としてD-A変換器を用いるものがあるため先に述べる．

〔1〕 重み付き加算方式

重み付き加算方式とは，図 **7・5** に示すように，オペアンプの加算回路を用いた方式である．2進数の桁数分の入力を用意しそれぞれの桁の重みを抵抗値で実現する．各桁の入力として"1"に対応して一定電圧 V_r，"0"に対応して0Vを入力する．するとそれぞれの桁の重みが入力電圧にかけられ加算される．それぞれの桁を b_n で表すと，その出力電圧 V_o は次のようになる．

$$V_o = -\frac{V_r}{2^n}\left(b_{n-1}2^{n-1} + b_{n-2}2^{n-2} + \cdots + b_0 2^0\right) \tag{7・5}$$

この方式は抵抗の種類が多く必要になり，精度を上げるのが難しい．

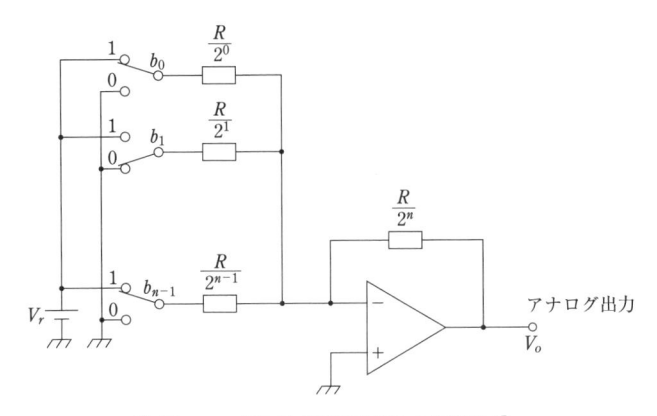

● 図 **7・5** 重み付き加算方式 D-A 変換器 ●

〔2〕 はしご形 **R-2R** 方式

はしご形 R-2R 方式 D-A 変換器は，図 **7・6** に示すように2種類の抵抗で実現できるD-A変換器である．多ビットのものを実現しやすいため多く使われる．

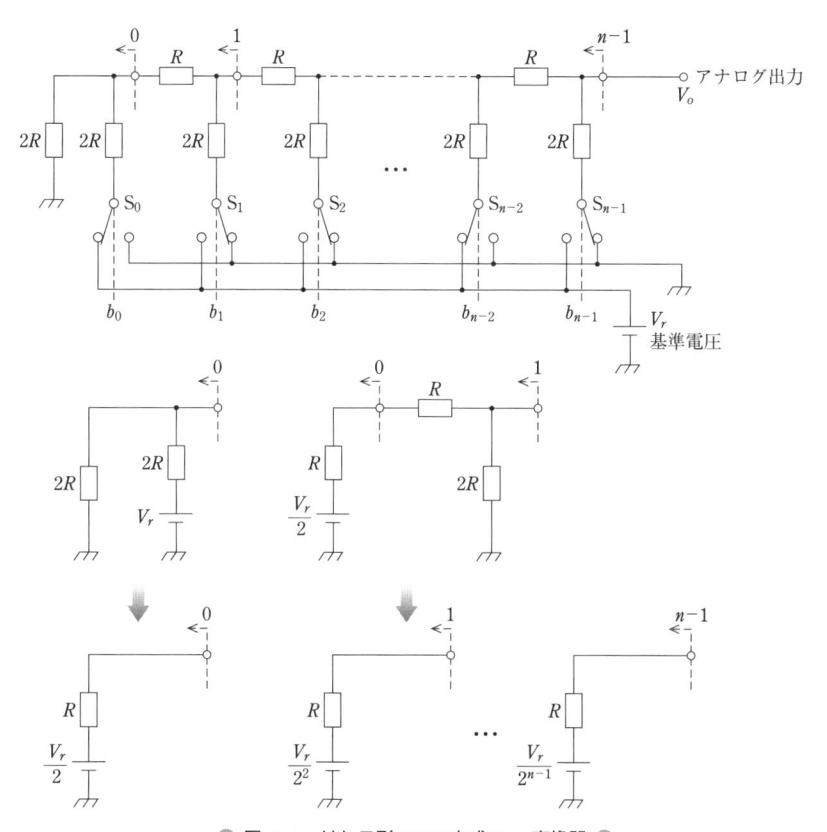

● 図 7・6　はしご形 R-$2R$ 方式 D-A 変換器 ●

　スイッチ S_i はディジタル入力のビット $b_i=0$ のとき接地され，$b_i=1$ のとき基準電圧 V_r に接続する．各スイッチは各ビット入力によって制御される．ここで 0 から左を見た抵抗は $2R$ と $2R$ の並列で R となる．すると 1 から左を見たときも同様に $2R$ と $2R$ の並列接続になる．また，$S_0=1$，他の $S=0$ としたとき，電圧はテブナンの定理より 0 から見たときは $V_r/2$ となり，1 から見ると $V_r/2^2$ となり左にいくにつれて半分ずつになる．したがって，この回路のアナログ出力電圧 V_o は重ね合わせの理を用いると，次式で表される．

$$V_o = \frac{V_r}{2^n}\left(b_{n-1}2^{n-1} + b_{n-2}2^{n-2} + \cdots + b_0 2^0\right) \tag{7・6}$$

　はしご形 R-$2R$ 方式の回路は 2 種類の抵抗で実現できるため高い精度の D-A 変換器が実現できる．

4 A-D 変換について学ぼう

アナログ・ディジタル変換（A-D 変換）の方式には積分形と比較形などがある．積分形には二重積分形があり，比較形には逐次比較形，並列比較形などがある．

積分形は変換速度は遅いが高精度を得られるため，ディジタル電圧計などに用いられる．

逐次比較形は D-A 変換器を用いており，ビット数分の比較処理で変換が可能なため比較的高速度な変換が可能であり，最も広く使われている．並列比較形は 1 回の比較で A-D 変換が可能なため，A-D 変換器の中で最も高速である．しかし，ビット数が増加すると比較素子が増加するため複雑になる．このためビデオ信号など高速でビット数がそれほど必要でない用途に使われている．

〔1〕 二重積分形（VT 変換）

電圧の積分を 2 回行うため**二重積分形**という．積分を 2 回行うことにより積分回路の特性の変化を打ち消し外乱の影響を受けにくい変換を行うことができる．**図 7·7** にブロック図を，**図 7·8** に各部の波形を示す．

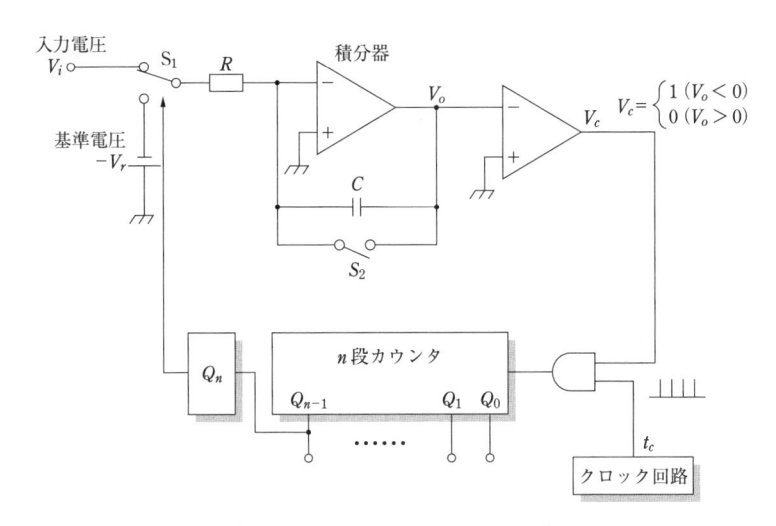

入力電圧 V_i、基準電圧 $-V_r$、S_1、R、積分器、V_o、C、S_2、$V_c = \begin{cases} 1 \ (V_o < 0) \\ 0 \ (V_o > 0) \end{cases}$、$Q_n$、$n$ 段カウンタ、Q_{n-1}、Q_1、Q_0、t_c、クロック回路

● 図 7·7　二重積分形 A-D 変換器 ●

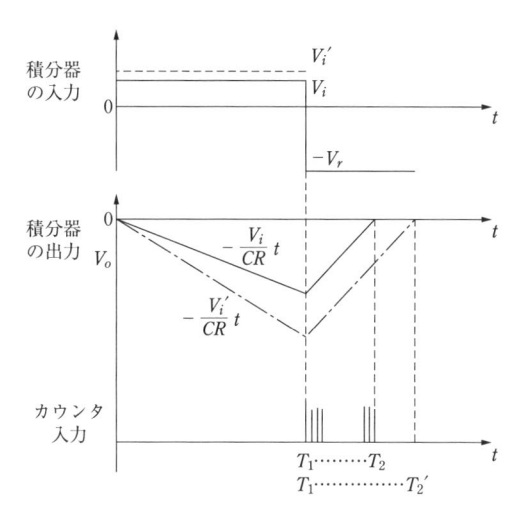

● 図 7・8　二重積分形 A-D 変換器の各部波形 ●

　S_2 が OFF として，$t=0$ で S_1 がアナログ入力信号 V_i（$V_i > 0$）に接続されると，積分器は CR の時定数で積分を始める．このときコンパレータの出力は 1 となり，これによってカウンタがカウントを始め，n 段カウンタがオーバフローし Q_n がセットされるまで一定時間 T_1（$2^n t_c$）カウントする．すると積分器の出力は次式となる．

$$V_o(T_1) = -\frac{V_i}{CR}T_1 = -\frac{V_i}{CR}(2^n t_c) \tag{7・7}$$

　次に，S_1 が切り換わり（$-V_r$）が積分されていき，積分器の出力 V_o が 0 になるところをコンパレータが検出しカウンタのクロックを止める．このときの時刻を T_2，カウンタのカウント数を N とすると V_i と N の関係が求まる．

$$\frac{V_i}{CR}T_1 = \frac{V_r}{CR}(T_2 - T_1) \tag{7・8}$$

$$T_2 - T_1 = \frac{V_i}{V_r}T_1 = \frac{V_i}{V_r}2^n t_c = N t_c \tag{7・9}$$

$$\therefore N = \frac{2^n}{V_r}V_i \tag{7・10}$$

　この方式により，CR やクロックパルスの周期が変動してもそれぞれが互いに打ち消されカウント数と入力電圧の関係に影響を与えない．

〔2〕 逐次比較形

逐次比較形は D-A 変換器の各ビットに順に 1 をセットし，そのアナログ出力と入力電圧を比較してディジタル値を決めていく方式である．

図 7・9 に原理を示す．n ビットの A-D 変換の場合，レジスタの最上位ビット（b_{n-1}）に 1 をセットし D-A 変換により対応したアナログ電圧 V_o をつくり，入力電圧 V_i とコンパレータで比較する．$V_i > V_o$ ならば，セットしたビットはそのままで，下位のビットに移る．また，$V_i < V_o$ ならば，セットしたビットを 0 とし下位のビットに移る．移動したビットでまた 1 をセットし同様の処理を行う．これを繰り返して最下位のビットまで行い，そのときのレジスタにセットされた値がディジタル出力となる．

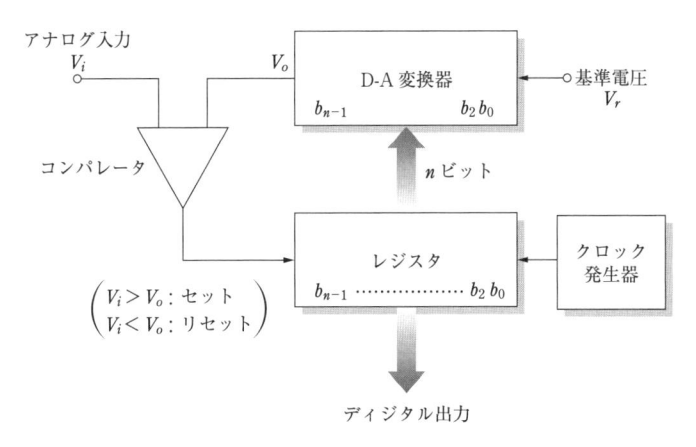

● 図 7・9　逐次比較形 A-D 変換器 ●

4 ビットの逐次比較形 A-D 変換器において，基準電圧 $V_r = 5.0\,\mathrm{V}$，$V_i = 3.5\,\mathrm{V}$ を A-D 変換するようすを**図 7・10** に示す．ただし，D-A 変換器の特性は次式によるものとする．

$$V_o = \frac{5}{2^4}\left(b_3 2^3 + b_2 2^2 + b_1 2^1 + b_0 2^0\right)$$

初期条件として，b_0, b_1, b_2, $b_3 = 0$ とする．

① 　$b_3 = 1$ にセット → $V_o = \dfrac{5}{2} = 2.5\,\mathrm{V}$ → $V_i > V_o$ → $b_3 = 1$ に決定

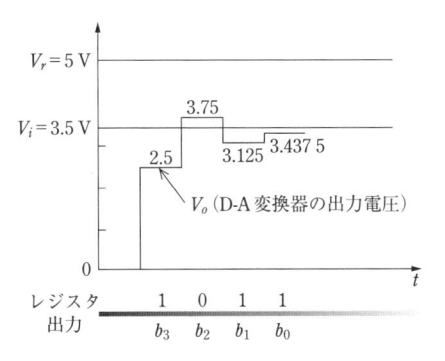

●図7・10　逐次比較形 A-D 変換器の変換のようす●

② $b_2 = 1$ にセット → $V_o = \left(\dfrac{1}{2} + \dfrac{1}{2^2}\right) \times 5 = 3.75\,\text{V} \to V_i < V_o \to b_2 = 0$ に決定

③ $b_1 = 1$ にセット → $V_o = \left(\dfrac{1}{2} + \dfrac{1}{2^3}\right) \times 5 = 3.125\,\text{V} \to V_i > V_o \to b_1 = 1$ に決定

④ $b_0 = 1$ にセット → $V_o = \left(\dfrac{1}{2} + \dfrac{1}{2^3} + \dfrac{1}{2^4}\right) \times 5 = 3.4375\,\text{V} \to V_i > V_o \to b_0 = 1$ に決定

この方式は，ビットごとに順に比較していくためビット数に比例した時間がかかる．

〔3〕並列比較形

並列比較形は，n ビットの A-D 変換に（$2^n - 1$）個のコンパレータを用い入力アナログ電圧が，分割された電圧範囲のどこに一致するかを判別する方式である．コンパレータの数が多くなるが，高速な変換が可能である．**図7・11**に並列比較形の基本回路を示す．n ビットの場合 2^n 個の抵抗で基準電圧を分割し，各コンパレータに比較用のしきい値として入力している．入力アナログ電圧 V_i は全てのコンパレータに共通に入力し比較する．入力された電圧に応じて，その電圧に対応するしきい値のコンパレータまですべて1となり，それより高い電圧に対応するコンパレータの出力は0となる．このデータがデコーダによりディジタルコードに変換される．

最下位ビット用のコンパレータの比較基準電圧は1 LSB の中間点で判定するため，最下位ビット用の抵抗を $R/2$ とする．この場合最上位ビット用の抵抗は $3R/2$ とする．

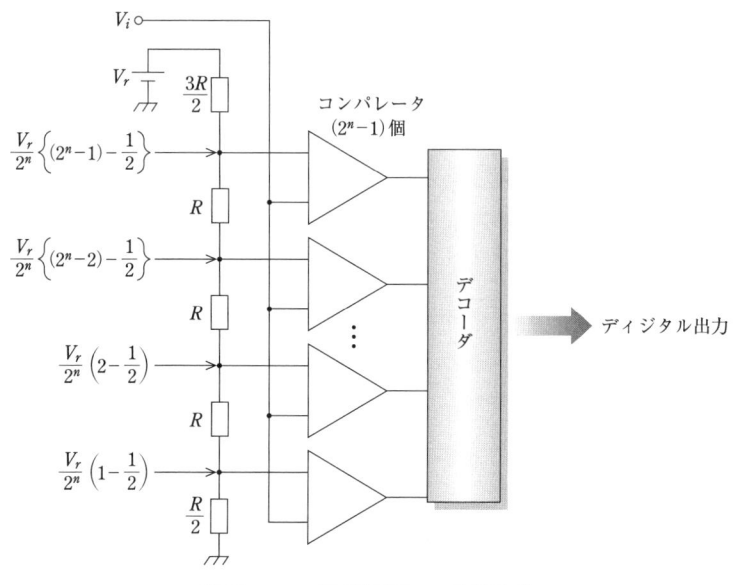

● 図 7・11　並列比較形 A-D 変換器 ●

まとめ

　本章では，アナログ信号の変換，ディジタル信号からアナログ信号への変換，アナログ信号からディジタル信号への変換について学んだ．この知識をロボットや計測制御システムなどのさまざまな新しいシステムの開発や構築に生かしてほしい．

演習問題

問1　オペアンプを用いて増幅率 10 倍の反転増幅器を設計せよ．
問2　10 進数 555 を 2 進数に変換せよ．
問3　4 ビットの D-A 変換器の回路図を描きその動作を説明せよ．
問4　逐次比較形 A-D 変換器で 4 ビットの場合の変換のステップを述べよ．ただし，$V_r = 5\,\mathrm{V}$，$V_i = 4.1\,\mathrm{V}$ とする．
問5　並列比較形 A-D 変換器の原理を述べよ．

8章

ディジタル計測制御システムの基礎

　センサは計測した情報を電気信号として出力する．それを数値化（ディジタル化）し計算機に入力することができれば，そのデータを処理したり，画面上に表示したりすることができる．一方，計算機からの数値信号を電気信号に変換できれば，モータなどのアクチュエータを制御することができる．このような処理を行うシステムをディジタル計測制御システムという．ディジタル計測制御システムの中心は計算機である．それでは，計算機はどのようなしくみで動いているのだろうか．計算機への信号の入力や，計算機からの信号の出力は，どのようなしくみで動いているのだろうか．本章では，これらのことについて学ぶことにしよう．

1 計算機の基本的なしくみを学ぼう

　近年の計算機の能力の向上とその小形化の進展には驚くべきものがある．一昔前には一部の限られた人しか使っていなかった計算機が，各家庭に入るようになり，また携帯電話に代表される各種電子機器の中にも高性能の計算機が搭載されている．このような計算機の進化の一方で，基本的な計算機のしくみはそれほど大きな変化はない．ここでは，計算機の基本的なしくみを見ていこう．

〔1〕 **計算機の構成要素**

計算機は，主に以下の3種類の部分から構成されている．

- 中央処理装置：計算機の心臓部であり，計算とその制御をつかさどる．実際に計算を行う演算部と計算の実行を制御する制御部から成る．**CPU（central processing unit）** と呼ばれる．
- 主記憶装置：計算を行うプログラムと計算に用いるデータを保持する．一般にメモリと呼ばれる．CPUは，メモリに記憶されたプログラムを，基本的には一命令ずつ順に読み出しては実行する．このような方式を**ストアドプログラム（stored program）方式**という．
- 入出力装置：データの入出力を行う装置全般の名称．キーボードやマウス，ディスプレイ，ハードディスクドライブ，DVDドライブなどがこれにあたる．センサやモータなどとデータのやりとりをする装置（仲立ちをすること

からインタフェースとも呼ばれる）もこれに含まれる．

CPU は演算を行うだけなので，演算を行うためのプログラムやデータは，メモリや入出力装置から取ってきたり，それらへ出力したりする必要がある．そのために，システムバスと呼ばれる，情報の通り道がある．図 8·1 に計算機の基本的な構造を示す．

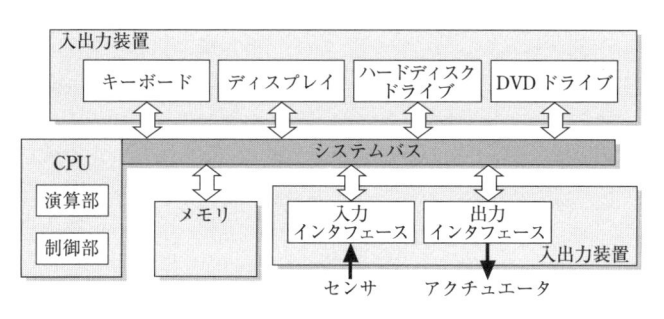

● 図 8·1 計算機の構造 ●

〔2〕 システムバスと番地（アドレス）　■ ■ ■

CPU がシステムバスを通してメモリや入出力機器との間でデータのやりとりをするとき，どうやってデータがある場所やデータを送る場所を指定するのだろうか．メモリの各記憶場所や入出力機器のデータの送受信場所（**ポート**という）には，すべて唯一の**番地（アドレス）**が付けられており，CPU はこの番地を指定することにより，データのやりとりの相手を指定する．番地の数は，一般に CPU のもつ番地指定用の信号線の本数による．信号線が 16 本あれば（16 ビットのアドレス空間をもつという），最大 $2^{16} = 65\,536$ 個のアドレスをもつことができる．なお，システムバスのうち，番地を指定するために用いる部分をアドレスバス，実際のデータ転送に用いる部分をデータバスという．CPU によって，それぞれのバスのサイズ（信号線の本数）が異なる．なお，入出力機器の接続については，入出力機器接続用の信号線と命令を用いてメモリとは別の空間に割り付けるもの（I/O mapped I/O）とメモリ空間の一部を使用してメモリアクセスと同じ命令を用いるもの（memory mapped I/O）の二つがあるが，現在は後者が主流である．

一つのバスに CPU やメモリ，複数の入出力機器がつながっていると，データの競合や衝突が起こることはないのだろうか．バスを通したデータのやりとりに

は3ステートバッファと呼ばれるものを用いる．これは二つの論理値，highとlow（ディジタルデータの1と0に相当）に加え，もう一つの状態（高インピーダンス状態）を取ることができる．高インピーダンス状態では，バスから切り離されているので他の機器などと干渉することはない．したがって，通常はバスから切り離しておき，データのやりとりを行うときにのみ，バスに接続すればよい．図8・2は，3ステートバッファおよびそれを複数使用したバス（3ステートバス）の模式図を表す．バスから入出力機器，あるいはその反対方向にデータを流したいときには，対応する信号線をhighにする．両方をlowにするとその機器はバスから切り離された状態になる．

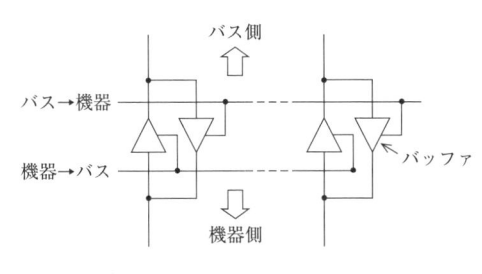

● 図8・2　3ステートバス ●

〔3〕 データのやりとりのしくみ ■ ■ ■

次に，CPUとメモリや入出力機器（ここでは，まとめて外部デバイスと呼ぶ）とのデータのやりとりのしくみを見てみよう．データのやりとりには，データそのものと外部デバイスのアドレスはもちろん必要だが，それに加えてやりとりを制御するための信号がいくつか必要になる．

制御信号には，例えば表8・1に示すようなものがあり，これらを使ってデータのやりとりのタイミングを制御する．制御信号の記号による表記では，highでアクティブ（有効）の場合はそのまま，lowでアクティブの場合は記号の上に横棒を書いて区別する．

図8・3にCPUと外部デバイスの接続の模式図を示す．外部デバイスのもつアドレス空間がCPUのものと同じであれば，アドレスバスをそのまま接続するが，外部デバイスのもつ空間が小さいときには，アドレスデコーダに一部のアドレス信号を入力して，ある特定のアドレスが指定されたときにのみ外部デバイスにア

8章 ディジタル計測制御システムの基礎

● 表 8・1　制御信号の例 ●

信　号	内　容
$\overline{AS}$	アドレスストローブ．アドレスバスに有効なアドレスが出力されていることを示す．
$R/\overline{W}$	リード・ライト．データ転送がリード（読出し）なのかライト（書込み）なのかを定める．higtのときリード，lowのときライトである．
$\overline{DTACK}$	データ転送アクノレッジ．外部デバイスがデータをリード，またはライトできる状態をCPUに知らせるための信号である．アクセスタイムの遅い外部デバイスとのデータのやりとりに用いられる．
$\overline{INT}$	割込み要求．外部デバイスから割込み要求を伝えるために用いられる．

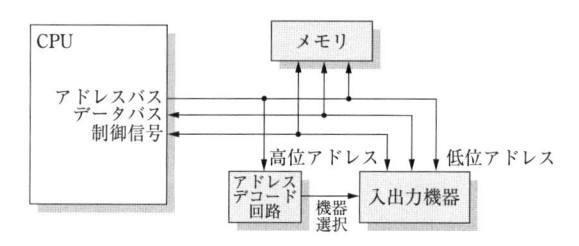

● 図 8・3　外部デバイスとの接続例 ●

クセスできるようにする．外部デバイスが一つのアドレスのみを使う場合には，アドレスデコーダの出力のみを入出力機器へ入力する．例えば，四つのアドレスをもつ外部デバイスを，CPUの8ビットのアドレス空間のアドレス04H～07Hに割り当てることを考えよう．このとき，デコード回路の構成は**図 8・4**のようになる．図中のデコーダは，A，B，Cを下位ビットから並べたときの値に対応するY_nがアクティブになる．例えば，(A, B, C) = (1, 0, 1)のとき，Y_5がアクティブになる．なお，○が付いている端子は，lowのときにアクティブであることを示す．

表8・1に示すような信号を使って，どのようなタイミングでデータのやりとりをしているかを示すものを，タイミングチャートという．**図 8・5**にタイミングチャートの例を示す．CPUはある周波数をもつ周期的な信号によって動作しており，その信号のことをクロック信号（図中，CLK）という．クロック信号の1周期をステートと呼び，いくつかのステートを合わせて，動作の基本単位であるバスサイクルを構成する．なお，図中のA_n，D_nはそれぞれアドレスバス，データバスを示し，それらが中間の値を取っているときは高インピーダンス状態にあることを示す．

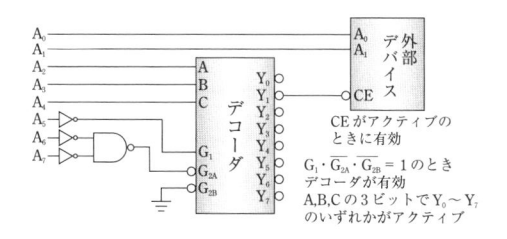

● 図8・4　デコード回路の構成例 ●

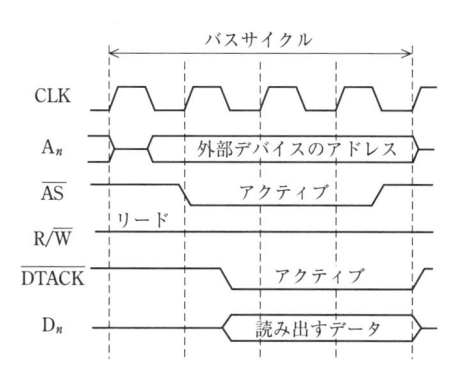

● 図8・5　データ読込みのタイミングチャート ●

　この図は，データを外部デバイスから読み出す際のタイミングを表している．以下の手順で処理が行われる．

① CPUは，R/$\overline{\text{W}}$ラインをリード状態（highレベル）にする．そして，アドレスバスに外部デバイスのアドレスを送出し，さらに$\overline{\text{AS}}$をアクティブにすることにより，有効なアドレスが送出されていることを示す．

② 外部デバイスは，$\overline{\text{AS}}$信号を受け取るとアドレスをデコードして，自らが選択されたかどうかを知る．選択された外部デバイスはデータバス上にデータを送出し，同時に$\overline{\text{DTACK}}$をアクティブにし，データが送出されたことを知らせる．

③ CPUは$\overline{\text{DTACK}}$信号がアクティブかどうかを調べ，アクティブであればデータをデータバスから取り込む．その後，$\overline{\text{AS}}$を非アクティブにして，読出しのサイクルを終了する．

④ 外部デバイスは，$\overline{\text{AS}}$の変化を受けて，データの送出を停止し，$\overline{\text{DTACK}}$を非アクティブにする．

外部デバイスのアクセスに時間がかかるときには，上記の 2 番目のステップで，外部デバイスからの $\overline{\text{DTACK}}$ 信号の送出に時間がかかることになる．CPU は，3 番目のステップで，$\overline{\text{DTACK}}$ 信号がアクティブになるまで繰り返しチェックし，アクティブになればデータの取得を行う．したがって，同一の処理方式でアクセス時間の違いに対処することができる．このような状態のやりとり（ハンドシェイクともいう）によって通信を制御するものを，**非同期通信**と呼ぶ．それに対して，ある決まった時間サイクルに従う通信を**同期通信**と呼ぶ．一般に前者の方が高速である．なお，外部デバイスへの書込みも同様の手順で行われる．

❷ 外部機器とのデータのやりとりについて知ろう

前項では，計算機の基本的なしくみと外部デバイスとのデータのやりとりについて述べた．それでは，外部機器の状態を監視したり，外部機器からデータを読み出すには，どのような方法が考えられるだろうか．もちろん，前項で述べたように，非同期の通信を行えば外部機器の動作に合わせたデータの読出しが可能である．しかし，CPU はデータが来るまでの間，何もすることができないため，その稼働効率が低下する．この問題を解決し，データの発生と同時に読出しを行う方法として，ポーリング方式（あるいは，フラグセンス方式）と割込みに基づく方式の二つがある．

〔1〕 **ポーリング方式によるデータ読出し** ■■■

図 8・6 にポーリング方式のしくみを示す．この方式では，外部機器のデータ送出準備ができると，そのインタフェース回路中のレジスタにその旨がセットされるように回路を構成する．CPU は，そのレジスタが何番地にあるかを知っているので，定期的にそのレジスタの内容をチェックし，データが準備できれば読出しを開始する．この方式では，データが準備されてからできるだけすぐにデータを読み出そうとすると，レジスタのチェックの頻度を上げる必要がある．デー

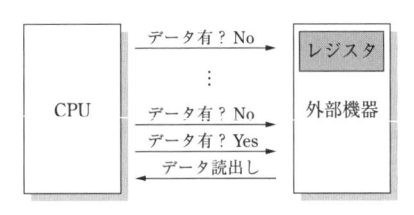

● 図 8・6 ポーリング方式の概要 ●

タ送出の周期が長いときや,周期が一定していないときには効率的ではないが,プログラムの開発は容易である.

〔2〕 割込みに基づくデータ読出し

割込み(interrupt)とは,現在実行中のプログラムを中断して,別のプログラムを実行することをいう.計測制御システムでは,割込みを利用してデータの入出力を行うことが多い.割込みは以下のステップで実行される.

① 割込み信号の発生と割込み原因の解析
② 実行中のプログラムの退避
③ 割込み用プログラムの実行
④ 退避したプログラムの再開

割込みでは,割込みの発生を知り,割込みの原因に応じた適切なプログラム(割込みルーチン)を実行する必要がある.その大まかな手順を**図 8·7**に示す.まず,外部機器はデータが準備できたら,割込み信号を発生させ,CPU にそれを知らせる.CPU は信号を受け取ると,メモリ上のある特定の場所(割込みベクタテーブル)に書かれている,データ読出し用の割込みルーチンの開始アドレスを調べ,そこへ実行の制御を移す.ほとんどの CPU では,複数の割込み信号線をもち,どの信号が発生したかでテーブル上の参照位置を変えることにより,割込み要因に応じた割込みルーチンを実行する.

割込みによって中断されたプログラムを後で再開するには,次に実行する命令のアドレスやレジスタの値など,実行に関連した情報を一時退避し,割込みルーチンの終了後,元に戻してやる.そのために,割込みルーチンの最後に,割込みルーチンの終了を示す命令を実行する.

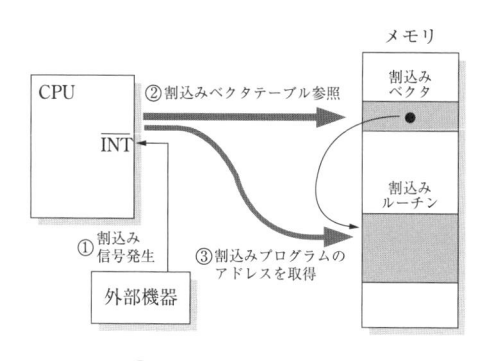

● 図 8·7 割込み処理の概要 ●

〔3〕 DMA による高速データ転送

上にあげたデータ読出し方法は，いずれも CPU が直接外部機器をアクセスする命令を実行して，データ読出しを行っている．しかし，こうした方法では一つのデータを読み出すのに複数の命令を組み合わせる必要があり，高速化には限界がある．データの書込みの場合も同様である．そこで，ハードディスクドライブなど高速な外部機器に対しては，CPU を介さないで，連続したデータを一つのブロックとして転送する，**DMA**（direct memory access）**コントローラ**（DMAC）を利用する．CPU 内部での演算とデータ転送の並行動作が可能なため，高速化が可能である．図 8・8 に示すように，DMAC はシステムバスを管理し，データの転送を制御する．DMAC は以下のように動作する．

① DMAC は入出力命令，データを記憶する先頭アドレス，必要なデータ数などを CPU から受け取り，入出力装置を起動する．
② DMAC は外部機器とのデータの転送を行う一方で，メモリとの間で高速にデータ転送を行う．
③ データ転送が終了すると，DMAC は CPU に，割込みによって完了報告を行う．

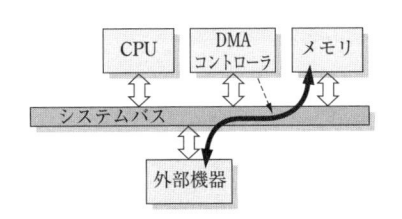

● 図 8・8　DMA によるデータ転送 ●

〔4〕 外部機器の制御

次に，計算機で外部機器を制御することを考えてみよう．外部機器の制御は，ある状況になったら制御を行う場合と，一定時間ごとに制御を行う場合に大別できる．前者は，例えば，温度がある一定値を超えたら冷房のスイッチを入れる，といった，センサからある特定の状況が観測されたらそれに応じた制御を行うものであり，前節で述べた外部機器からのデータの読出しの結果を見て，どのように制御するかを決めることになる．

一方，後者は機器をある目標値に追従させるような場合であり，一定時間ごと

に目標値との偏差を計測し，偏差をなくすようなフィードバック量を機器に与えることになる．このような，一定時間ごとに処理を行う方式としては，通常タイマ割込みを用いる．具体例は次章で述べる．

3 計算機によるディジタル計測制御システムの構成法

われわれが日頃使用している計算機には，定められた規格に従った外部機器を接続するためのインタフェースがあらかじめ備えられている．一昔前までは，プリンタなどをつなぐための**パラレルインタフェース**（セントロニクス規格）や通信のためのモデムなどをつなぐための**シリアルインフェース**（RS232C 規格）などが主流であったが，現在では USB（universal serial bus）や IEEE1394 などの，高速シリアル通信規格が中心である．また，あらかじめ用意されていなくても，市販のインタフェースカードをシステムバスに接続することにより，A-D 変換や D-A 変換などの多様な機能を容易に実現し，各種計測機器やモータなどを容易に接続できるようになる．

計算機で外部機器を扱うには，そのためのソフトウェアを利用しなければならない．市販のインタフェースには，代表的な OS（operating system）に対して，その機能を呼び出すためのドライバソフトが添付されており，それを用いれば外部機器を操作するためのソフトウェアの開発が容易になる．例として，あるセンサから得られるアナログデータを計測するシステムを開発することを考えよう．まず，A-D 変換速度や分解能などの要求仕様を考え，それを満たす A-D 変換ボードを選定する．ボードのコネクタの仕様を調べて，適切な信号線をセンサと接続し，データを取得可能な状態にする．ドライバソフトをインストールすれば，例えば C 言語の関数という形で，ボードの各機能を利用することができる．以上の準備を行い，目的に応じたソフトウェアを開発することになる．

このような，計算機を用いたディジタル計測制御システムの利点はどこにあるだろうか．以下に，その利点を整理してみよう．

- ディジタルデータはアナログ信号に比べて，伝送・処理過程での雑音の影響がなく安定している．
- ディジタルデータはメモリやディスクに記録し，また再生することが高速・容易にできる．
- ディジタルデータの処理はプログラムで行えるので，用途に応じて計測制御

システムの振舞いを容易に変更することができる．また，アナログ回路では困難な，複雑な処理も容易に実現することができる．

このように，ディジタル計測制御システムには多くの利点がある．しかし，各種インタフェースとセンサやアクチュエータとの末端の接続はアナログ信号であることが多い．したがって，そこでの接続を高品質に保つためのアナログ信号処理技術も，高性能のディジタル計測制御システム構築のためには重要である．

まとめ

本章では，計算機の基本的なしくみと外部機器とのデータのやりとりのメカニズムを学んだ．近年は各種インタフェースの充実化に伴い，インタフェース回路を自ら設計・製作する機会は少なくなってきているが，それでもどのようなメカニズムで外部機器を利用しているかを知っていることは重要である．次章では，ディジタル計測制御システムの応用として，センサフィードバックによる機器制御について学ぶ．

演習問題

問1 具体的な CPU についてそのしくみ（アドレスバス，データバスのサイズ，制御信号の種類，タイミングチャート，割込み方式など）を調べよ．

問2 八つのアドレスをもつ外部デバイスを，8 ビットのアドレス空間のアドレス 08H〜0FH に割り当てるときのデコード回路を構成せよ．

問3 ポーリング方式と割込み方式の長短を比較せよ．

問4 ディジタル計測制御機器の利点をあげよ．

9章

ディジタル計測制御システムの応用

　最近の電化製品や機械には，ほとんどといってよいほど計算機が組み込まれており，何らかの意味での計測制御を行っている．前章では，計算機の基本的なしくみと外部機器とのデータのやりとりについて学んだ．このようなしくみを用いて，センサとアクチュエータを計算機でつなぐことができれば，あとは計算機のプログラムを作成すれば，計測制御システムを構成することができる．本章では，計算機で制御される対象の典型例としてロボットを取り上げ，それを制御するシステムについて学ぼう．まず，ロボットによく使われるセンサやアクチュエータ，およびそれらから情報を取ったり，情報を出力したりするしくみを学び，それを基にロボット制御系を構成する手順について学ぶことにしよう．

1 ロボット制御系はどのように構成されるだろうか

　ロボットに代表される自動機械は，計算機を用いたディジタル計測制御システムの典型的な応用例である．自動的に動作するには，自分や周囲の状況を知り，それに対して適切な動作を生成する必要がある．すなわち，計測と制御を結び付けたフィードバックシステムを構成する必要がある．ここでは，簡単なロボット制御を例にディジタル計測制御システムの構成を見ていこう．

　図 9・1 に，計算機によるロボット制御系の構成要素を示す．ロボットには人間の感覚系に相当する各種のセンサが取り付けられており，それらのデータをディジタル計測により計算機に読み込む．計算機は計測データからどのような動作を行うべきかを計画し決定するという，いわば知能にあたる部分の役割を担う．行う動作を決定したら，それをアクチュエータへの出力命令に変換し，外部機器インタフェースを通してアクチュエータへ出力する．このような計測，計画，動作のサイクルを繰り返すことにより，ロボットは自動的に動作する．次節以降，センサおよびアクチュエータとしてどのようなものがあるか，そしてそれらをどのように組み合わせて制御システムを構築するかを見ていくことにしよう．

9章　ディジタル計測制御システムの応用

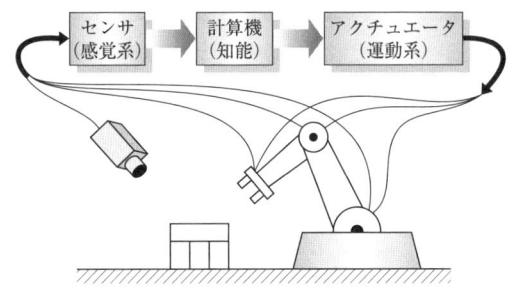

● 図9・1　ロボット制御系の構成要素 ●

2 ロボットで使われるセンサを知ろう

　ロボットのセンサは，内界センサと外界センサに分けられる．内界センサは自分自身の内側にあって，自分自身の変化を直接的に計測するためのものである．外界センサは，周囲の環境を直接観測することにより，自分の状態や環境の状況を知るためのものである．**表9・1**にロボットで用いられるセンサの例をまとめている．目的に応じてさまざまなセンサが用いられる．

● 表9・1　ロボットで使われるセンサの例 ●

	センサ	測定対象
内界センサ	エンコーダ，ポテンショメータ	回転角度
	ジャイロセンサ	回転角速度
	加速度センサ	並進加速度
外界センサ	視覚センサ（カメラ）	物体の形，色，模様など
	聴覚センサ（マイクロフォン）	音声，音の方向など
	距離センサ（レーザ，超音波）	物体までの距離
	近接センサ	近傍の物体の存在
	力センサ，圧力センサ	加わる力の大きさ
	接触センサ	物体との接触

〔1〕 **内界センサ**

　内界センサにはどのようなものがあるだろうか．ロボットアームであれば，関節の角度を計測するためのエンコーダやポテンショメータ（回転式可変抵抗器），移動ロボットであれば，車輪の回転量を計測するためのエンコーダ，回転角速度

や並進加速度を計測するためのジャイロセンサや加速度センサ,あるいは地面に対する姿勢を計測するための傾斜センサなどが用いられる.

エンコーダはもっともよく使われるセンサの一つである.図**9・2**に,光学式ロータリインクリメンタルエンコーダの計測原理を示す.左側の図はその構造であり,円形の遮へい板に細かいスリットを多数円周上に並べ,その両側に光源と受光素子を置く.円板が回転すると受光素子で ON-OFF のパルスを出力することができる.2組の光源と受光素子(A,Bとする)を,出力信号の位相がずれるように配置すると,図の右側に示すように,回転の方向によってパルスの位相のずれかたが変わるので,これから回転方向を知ることができる.具体的には,A相の立上りと立下りの両方のタイミングでパルス状の信号が出る回路をつくり,それらのパルス信号とB相との論理積を取った信号をそれぞれ信号C,Dと呼ぶと,例えば,時計回りに回転したときには信号Dのみが,反時計回りに回転したときには信号Cのみがパルスを出力するように構成できる.したがって,それらの信号のパルス数を数えてやることにより,どちら回りにどれだけ回転したかを計測できる.パルスの計測には,カウンタ機能をもつICを用いる.

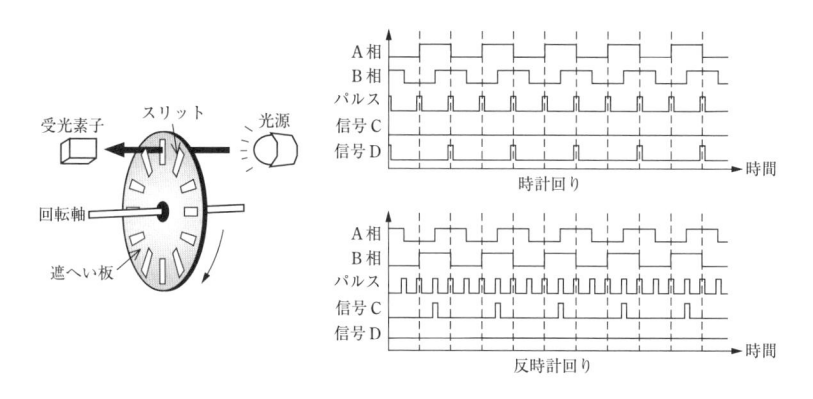

● 図**9・2** インクリメンタルエンコーダの計測原理 ●

〔2〕 **外界センサ**

外界センサの代表的なものはカメラなどの視覚センサであり,広い範囲のデータを一度に取ることができる.その多くは,ディジタルカメラやビデオカメラでよく用いられている CCD センサを用いている.カメラから画像データを取り込む場合,いわゆる TV 信号(NTSC 信号)を出力するカメラでは,信号の標本化

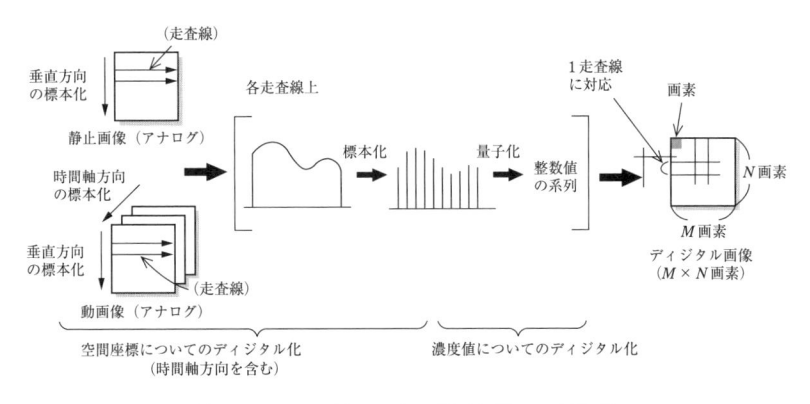

9章 ディジタル計測制御システムの応用

● 図 9・3　TV 信号のディジタル画像への変換 ●

（サンプリング）・量子化（A-D 変換）を行う回路を利用する．図 9・3 に TV 信号の取込みの概要を示す．2 段階の処理によって，TV 信号が各画素（ピクセル）の値が二次元配列状に並んだ形式（ディジタル画像）へと変換される．最近のカメラでは，USB や IEEE1394 などのインタフェースを用いて直接計算機に接続できるものがあり，それらでは上記の変換をカメラ内で行い，ディジタル画像を直接出力する．

　音声や他の音を計測するにはマイクロフォンを用いる．画像データの場合と同様にして，標本化と量子化を行うことにより，ディジタル音声データへ変換することができる．

　レーザ光や超音波を用いた距離センサも，特に移動ロボットにおいてよく用いられる．**Time of flight 方式**といって，レーザ光や超音波を発信してから返ってくるまでの時間を測って，距離を計測する方式が主流である．市販されているレーザ距離センサの多くは，レーザ光を回転式のミラーでさまざまな方向へ照射して，周囲の各方向の物体までの距離を計測する．

　近くに物体が存在するかどうかを知るための，**近接センサ**もある．これは，赤外線などの発光部から照射した光が，近くにある物体で反射した光をフォトディテクタで検出するものである．対象と直接接触を伴うものでは，各種のスイッチを用いたり，あるいは感圧導電性ゴムなど，加えられる圧力で抵抗値が変化する材料を用いる．また，力の計測には，力のかかる材料にひずみゲージを貼り，その変形量から力を推定する方法がある．

3 ロボットで使われるアクチュエータを知ろう

もっともよく用いられるアクチュエータは**モータ**である．モータは電気信号により制御でき，計算機との相性がよい．モータにはいくつもの種類があるが，電圧による速度制御を行いやすい直流モータがよく使用される．**図9・4**に直流モータの駆動原理を示す．コイル（実際は導線を何回も巻いてある）の両端に整流子を取り付け，軸回りに回転するような機構とする．ブラシと呼ばれる板ばね状の接点を通して整流子に電流を流す．コイルを一様な磁界の中に置くと，フレミングの左手の法則により図に示す力が発生し，それにより回転方向のトルクが得られる．コイルが磁界に対して直角になるところで電流の流れる方向が反転するので，連続的に同じ向きのトルクを発生することができる．力は電流に比例し，電流は電圧で制御できるので，例えば，D-A変換器を用いて計算機制御できる．

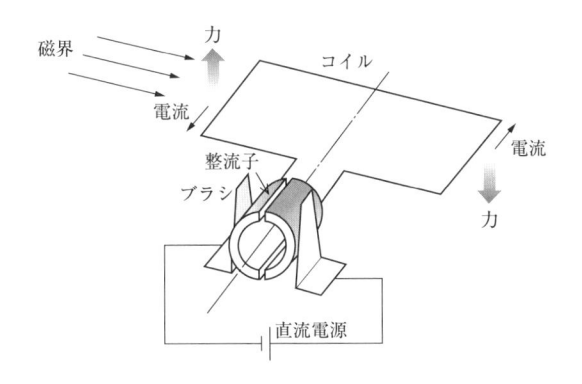

● 図9・4 直流モータの駆動原理 ●

モータの正転，逆転を制御するには，正負の電圧をかける必要がある．これを簡単な信号入力で行う方法として，Hブリッジを用いるものがある．**H ブリッジ**とは**図9・5**に示すように，トランジスタを用いたスイッチとモータをHの形に接続したもので，S_1，S_4のみをONとすれば実線のように，S_2，S_3のみをONとすれば破線のように電流が流れる．また，S_3，S_4だけをONとするとモータの両端子が短絡された状態になり，ブレーキがかかることになる．Hブリッジを搭載したIC（モータドライバIC）はいくつも市販されており，それを用いれば簡単にモータ駆動回路を計算機に接続して利用できる．

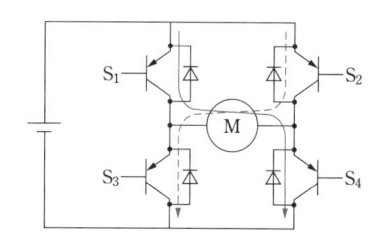

● 図9・5　Hブリッジ ●

　図9・5の回路では，モータにかかる電圧の極性は制御できるものの，電源電圧が一定であればかかる電圧も一定である．そこで，電圧も制御したいときには，**PWM**（pulse width modulation，パルス幅変調）**制御**という方法を用いる．これは，**図9・6**に示すように，かける電圧は一定として，電圧をかける時間の幅を制御することによって，時間平均値としての印加電圧を制御するものである．図では，PWM周期Tの間に，T_0だけ電圧をかけている．T_0/Tをデューティ比と呼び，デューティ比に相当する時間平均電圧が印加される．PWM制御を行うためには，S_1〜S_4の端子に適切な幅のパルスを入力すればよい．パルス生成はソフトウェアで行うこともできるが，PWM信号を直接出力できるICもあり，それを用いると周期とデューティ比をセットするだけで，任意のPWM信号を簡単に生成できる．

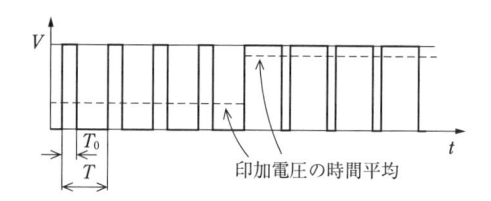

● 図9・6　PWM ●

　パルス状の信号を直接与えてモータを動作させる，ステッピングモータもよく使われる．**図9・7**は，ステッピングモータの動作原理を表している．内側に永久磁石であるロータ，周囲にコイルをもつステータを配置する．パルス状の電圧を与えてコイルを順番に磁化させることにより，ロータがある回転方向に引きつけられることにより回転する．実際の構造は，図の下にあるように，ロータ，コイル部とも細かいピッチの歯をつくっておき，さらに隣り合うコイル部では歯が

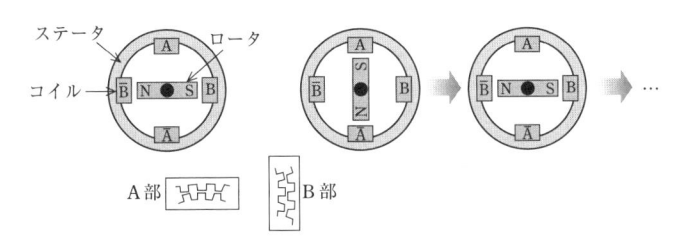

● 図9・7　ステッピングモータの動作原理 ●

ちょうど1/2ピッチだけずれるようにしておく．これにより，パルス一つで歯のピッチの1/2ずつ回転することになる．回転量は与えるパルスの量によって決まるので，回転量を測るセンサを別途用意する必要はない．しかし，過負荷時の同期はずれ（歯の位置のずれ）や，低速時のうなりや振動の発生といった問題点もある．

モータ以外のアクチュエータとしては，空気圧や油圧などの流体の圧力によるものや，ピエゾアクチュエータなどの圧電素子を用いるものなどがある．

4　具体的なロボット制御系の構成を学ぼう

ロボットアームを動かすシステムをつくることを考えてみよう．ロボットアームの手先を思いどおりの軌道に沿って動かすためには，アームを構成する各関節の動きをうまく調整して動かしてやる必要がある．十分な数の関節があれば，任意の与えられた手先の軌道に対し，各関節の動かし方を決めることができる．それでは，各関節の動かし方が決められたときに，そのとおりに関節の角度を制御するシステムはどのようにすれば構築できるだろうか．ここでは，非常に簡単な，一つの関節だけから成る機構を計算機制御によって，ある決められた動作をさせることを考えてみよう．

〔1〕　ハードウェアの構成

図9・8は，一関節制御のハードウェアの構成例である．関節の軸にDCモータとロータリエンコーダを設置する．エンコーダからの信号はカウンタ回路に入力され，回転量に比例したパルス数を得ることができる．計算機は初期からの回転数を積算して関節角度を知る．目標角度からのずれの量から，モータの制御量を計算し，それをPWMのパルス幅に変換した後，ドライバ回路（PWM回路＋Hブリッジ回路）へ出力する．これにより，モータに適切な制御量を与えるこ

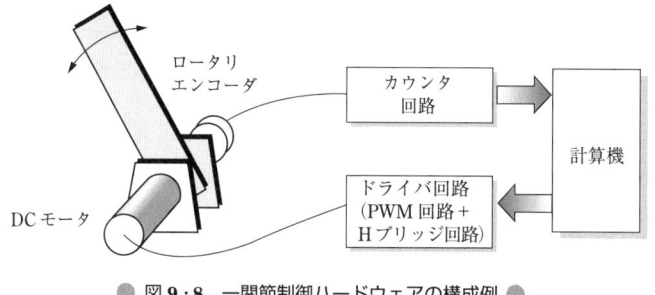

● 図9・8　一関節制御ハードウェアの構成例 ●

とができる．

〔2〕 制御ソフトウェアの構成

　ソフトウェアの開発にあたっては，何もないところからいきなりプログラムを書き始めるのではなく，どのようなアルゴリズムで処理をするか，そしてそれをどのように実装するか，など順を追って進めていく必要がある．今回の例では，図9・9に示すようなアルゴリズムを用いることを考えよう．

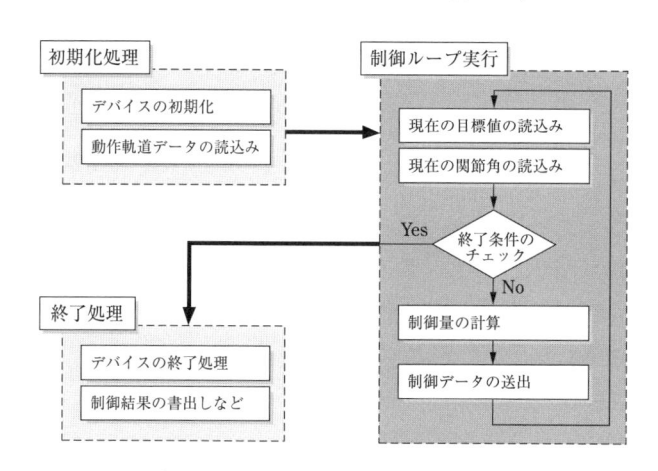

● 図9・9　制御システムのアルゴリズム ●

　全体の処理は大まかに，初期化処理，制御ループの実行，終了処理に分けられる．初期化処理では，エンコーダのためのカウンタ回路やモータのためのPWM信号発生デバイス（ディジタルI/Oなど）の初期化（デバイスのオープンと初期値の設定など）を行ったり，あらかじめ計算しておいた動作軌道（時間に沿って関節角の目標値を並べたもの）の読込みなどを行う．終了処理では，それらの

デバイスの終了処理（デバイスのクローズなど）や制御結果のデータの書出しなどを行う．中心となるのは，制御ループの実行によってロボットを軌道に沿って動かす部分である．ここでは，関節角の現在の値と目標値を読み込み，目的位置に達したかどうかを調べ，達していれば終了処理へ，達していなければ制御量を計算し，それを送出する，という手順を繰り返す．

以上のような処理をプログラムで実現するにあたっては，センサデータの取込みやモータの制御など，ハードウェアに依存した部分のモジュール化や関数化をまず行って，低レベルの処理を上位のアルゴリズムレベルで見せないようにすることが重要である．次に，ロボットのような実時間システムでは，制御ループをある決まった間隔で確実に実行することが必要となる．1回の制御データ送出のたびに適当な計算をはさんでループの周期を調整する方法もあるが，正確な周期実行のためにはタイマ割込みの利用が適している．図 9・10 は，タイマ割込みを用いたプログラミングの一例である．なお，全体の構造を示すことを目的としているので，完全なプログラムではなく，また関数名なども内容を表す名前を適当につけていることに注意されたい．主プログラムでは，タイマ割込みがかかっているかどうかをチェックし，かかっていれば制御ループを 1 回回す．関数 set_timer() を用いて，関数 timer_interrupt が周期 1 ms ごとに起動されるように設定を行っている．制御ループの処理を，割込みによって呼び出される関数の中に入れることも可能である．

ディジタル計測制御システムのためのワンチップマイコン

ディジタル計測制御システムを構成するためには，CPU やメモリだけでなく外部機器とのインタフェース回路が必要となる．半導体技術の発展に伴い，CPU の高機能化だけではなく，多数の周辺回路を一つのチップ上に集積することも行われている．そのような素子を**ワンチップマイコン**と呼び，製品によっては PWM 信号発生器や A-D 変換器，カウンタ回路なども備えているものがある．本章で示した簡単なロボット制御であれば，ワンチップマイコンに電源と基準クロック生成回路を加え，あとは必要に応じて外部機器とのインタフェース回路（モータドライバ IC など）を加えるだけで，ハードウェアが構成できる．計算機が組み込まれる機械・機器の増加に伴い，ワンチップマイコンの重要性もますます大きくなるであろう．

9章 ディジタル計測制御システムの応用

```
int  time_int_flag=false;  /* タイマ割込みを示すフラグ */
int  tdata[NUM],cdata[NUM];  /* 軌道データ，制御データ保持用配列 */
void timer_interrupt()      /* タイマ割込みで呼ばれる関数 */
{
  timer_interrupt_flag=true;
}

void control()        /* 制御ループの本体部 */
{
  int t=0;              /* 時間ステップを示す変数 */
  int  pwm;             /* PWMへの出力データ */
  While (true){
    if (t==NUM)break;          /* データの終わりにきたら抜ける */
    if (time_int_flag){        /* タイマ割込みがあったら */
      cdata[t]=read_encoder();  /* 関節位置の読込み */
      pwm=calc_control_data(tdata,cdata);/* 制御量の計算 */
      write_pwm(pwm);           /* 制御量のPWM出力 */
      t++;                      /* 時間ステップを1進める */
      time_int_flag=false;    /* フラグをoffにする */
    }
  }
}

void main()
{
  init_pwm(); init_encoder();    /* デバイスの初期化処理 */
  read_trajectory_data(tdata);   /* 軌道データの読込み */

  set_timer(timer_interrupt,1.0); /*1msごとの起動設定 */

  start_timer();                 /* タイマ割込みの開始  */
  control();                     /* 制御の本体部 */
  stop_timer();                  /* タイマ割込みの終了 */

  close_pwm();close_encoder();   /* デバイスの終了処理 */
  write_control_data(cdata)      /* 実際の軌道データの保存 */
}
```

● 図9・10　割込みを用いた制御プログラムの例 ●

まとめ

　本章では，計算機とセンサ，アクチュエータを使った，ディジタル計測制御システムについて学んだ．そのようなシステムの代表例としてロボットを取り上げ，ロボットに使われるセンサ，アクチュエータの種類や機能・機構，さらには実際のシステムを想定して，その構築法について，ハードウェア，ソフトウェアの両面から述べた．ディジタル計測制御システムの応用範囲はますます広く，またその対象はますます複雑になっているが，その基本には本章で述べたような技術が使われている．

演習問題

問1 いくつかの自動システム（ロボットに限らない）について，どのようなセンサやアクチュエータが用いられているかを調べよ．

問2 エンコーダ付DCモータとステッピングモータのそれぞれを用いて自動制御システムを構成した場合，両者の長短を比較せよ．

問3 図9・10のプログラムについて，制御ループの処理を割込みによって呼び出される関数の中に入れるとすると，どのように変更すべきか．

問4 本章4節では，関節が一つだけのロボットの制御系について述べた．通常の，多関節をもつロボットを制御する場合に考慮すべきことについて考察せよ．

問5 さまざまな周辺回路を内蔵したワンチップマイコンについて，どのようなものがあるか調査せよ．

10章

電子計測器

電気・電子製品の開発にはさまざまな計測器が使われる．その中でも回路の信号の電圧などの値を測定したり，波形を観測する測定器がよく使われる．本章ではそのような基本的な電子計測器についてその原理を理解し，利用できるようになることを目標とする．

1 さまざまな指示計器を計測対象ごとに学ぼう

〔1〕 ディジタルマルチメータ

ディジタルマルチメータは，電圧や電流，抵抗測定などの機能をもつ多機能な測定器である．これ以外にダイオードのテストや静電容量などを測定できる機種もある．これは抵抗に電流を流すことにより電圧を測定しその電流を知ることができ，また抵抗に一定電流を流すことにより電圧に変換して測定できるなど，各種の測定する量を電圧に変換することによって測定できるためである．

図 10・1 にこのディジタルマルチメータの構成図を示す．入力の電圧，電流，抵抗値などを入力信号変換部で処理し一定範囲のアナログ電圧に変換し，これをA-D変換器でディジタル信号に変換しロジック回路のマイコンなどによってディジタル表示する．

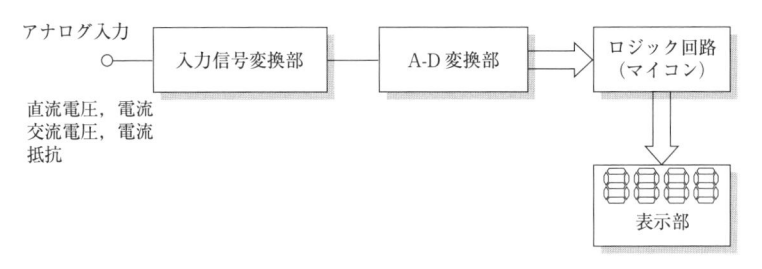

● 図 10・1　ディジタルマルチメータの構成 ●

入力信号変換部の構成を図 10・2 に示す．ここでは，広い範囲の電圧，電流，抵抗などの入力信号が最大 1 V 程度の直流電圧に変換される．直流電圧は直接レベル変換器に入り，分圧，増幅される．他の電流，交流電圧，抵抗はそれぞれ直

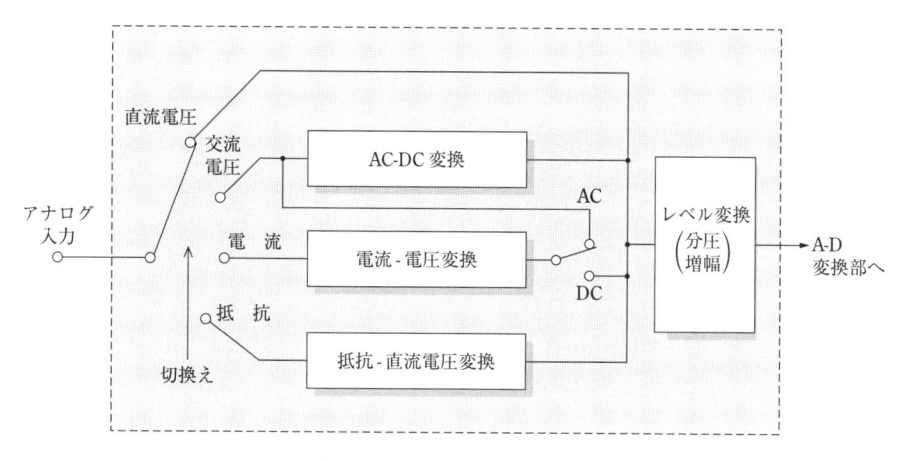

● 図 10・2　入力信号変換部 ●

流電圧に変換されてレベル変換器に入る．レベル変換器において手動，または自動で測定レンジが切り換えられ，レベル変換が行われる．

（a） AC-DC 変換

交流電圧は全波整流した後その波形を平滑化した平均値から実効値を求める．その回路を**図 10・3**に示す．同図（a）は，交流入力を半波整流する回路であり，正の半波のみ反転増幅する．同図（b）は，加算回路，およびローパスフィルタであり，交流信号と半波整流信号の加算比を 1 : 2 にして全波整流波形が得られるようにしてある．これをローパスフィルタで平滑化し，利得を R_1 で調整して平均値を実効値に変換して直流出力としている．

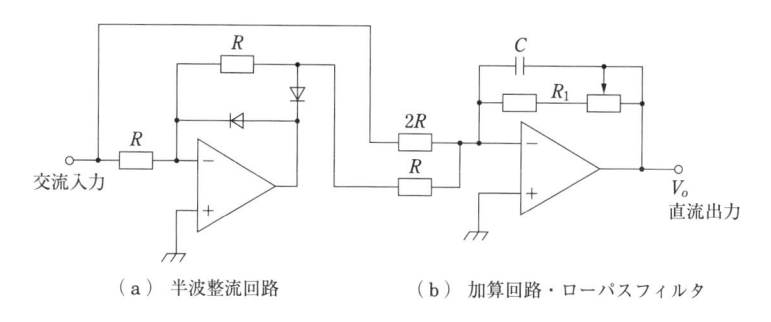

（a） 半波整流回路　　　　（b） 加算回路・ローパスフィルタ

● 図 10・3　交流-直流変換回路 ●

（b） 電流-電圧変換

測定したい電流 I_x を既知の抵抗に流して電圧に変換する．オペアンプを用いた電流-電圧変換回路を**図 10・4**に示す．この回路により電流を測定する回路に影響を与えることなく電流測定が可能になる．この出力電圧 V_o は次式で表される．

$$V_o = -R_s I_x \tag{10・1}$$

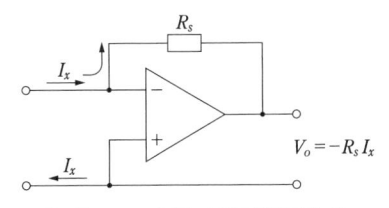

● 図 10・4　電流-電圧変換回路 ●

（c） 抵抗-直流電圧変換

抵抗の測定は測定する抵抗に一定電流を流し，両端に生ずる電圧を測定して求める．この回路図を**図 10・5**に示す．オペアンプを用いた反転増幅回路で V_s と R_s で基準電流 I_s を作成し，これが未知の抵抗 R_x に流れることにより出力電圧 V_o は次式で表される．

$$V_o = -\frac{R_x}{R_s}V_s = -\frac{V_s}{R_s}R_x \tag{10・2}$$

V_s と R_s は既知で一定であるので V_o より R_x を求めることができる．

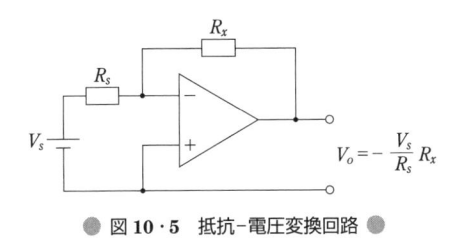

● 図 10・5　抵抗-電圧変換回路 ●

〔2〕ユニバーサルカウンタ

ユニバーサルカウンタは周波数カウンタの一種であり，周波数以外に，周期，パルス幅，二つの信号の時間差など時間に関する多機能の測定が可能な測定器である．

1 さまざまな指示計器を計測対象ごとに学ぼう

　図 **10・6** にユニバーサルカウンタの構成図を示す．ユニバーサルカウンタの場合通常入力は二つある．それぞれの入力信号は波形整形回路により雑音を取り除き，一定のしきい値を用いて一定振幅の方形波に整形する．これをゲート回路に送る．また水晶発振器を用いた基準時間発生回路で，正確なパルス幅をもったゲート開閉パルスや基準周波数の信号を作成する．この信号と入力信号を組み合わせて各種の測定ができる．

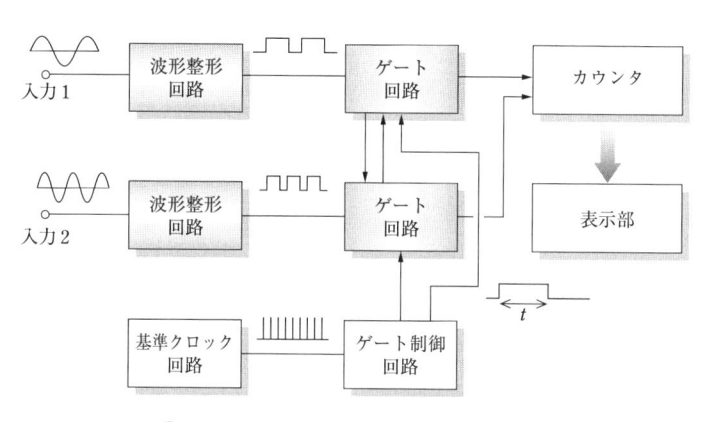

● 図 **10・6** ユニバーサルカウンタの構成図 ●

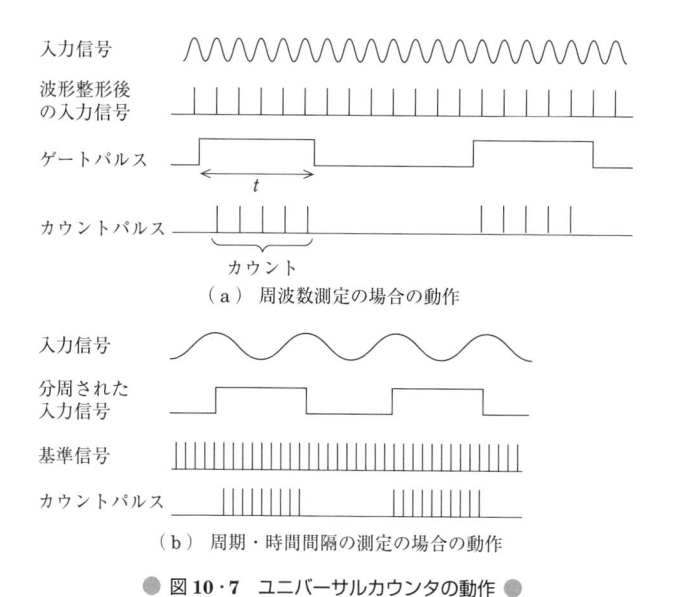

（a）周波数測定の場合の動作

（b）周期・時間間隔の測定の場合の動作

● 図 **10・7** ユニバーサルカウンタの動作 ●

周波数測定においては一定のパルス幅（$t = 0.01$，0.1，1，10s）のゲートの時間中にゲートを通過した入力信号のパルス数をカウンタで計数し表示する．この波形を図 10·7 に示す．

また周期，時間間隔の測定も図 10·7 に示すように入力信号を分周した信号でゲートを開き，基準信号を計数することで可能になる．

2 オシロスコープなどを用いて波形を表示させよう

ここでは，電気信号の波形を見るための波形表示装置を紹介する．もっとも一般的に使われている，オシロスコープについてその原理，測定法などを述べる．また最近一般化してきた波形記憶などさまざまな機能をもったディジタルオシロスコープ，各種ディジタル機器の開発，検査に必要なロジックアナライザについて述べる．

〔1〕 オシロスコープ

オシロスコープの外観を図 10·8 に示す．**オシロスコープ**は信号の電圧波形を表示する測定器である．目に見えない電気現象を目に見えるようにする装置として多く用いられている．ここではまず以前から用いられてきた，**アナログオシロスコープ**について述べる．アナログオシロスコープはブラウン管に電気現象を表示する．ブラウン管の x 軸（左右方向）で時間経過を，y 軸（上下方向）で電圧変化を表す．

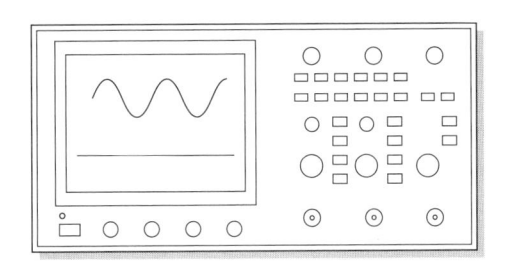

● 図 10·8　オシロスコープの外観 ●

（a） オシロスコープの原理

オシロスコープの構成は，ブラウン管と入力信号を増幅する垂直増幅回路，波形を時間軸方向に振らせる水平掃引信号発生器，水平増幅器などから構成される．ブラウン管は電子を加速して蛍光面に衝突させ，発光させる．この電子の進む経

路の途中にある垂直偏向板に入力信号を増幅した適当な大きさの電圧を加えることにより垂直方向に波形が移動し，水平偏向板にのこぎり波の電圧を加え水平方向に時間軸として波形が移動する．この垂直偏向と水平偏向の繰返しにより入力の波形が表示される．

（b） トリガ方式

トリガ方式とは入力信号の波形を静止して見るための機能である．トリガ信号をどこから得るかにより，内部トリガ（INT），ライントリガ（LINE），外部トリガ（EXT）の3種類がある．内部トリガは入力信号をトリガ信号として同期に使うもので基本的にはこのトリガを使う．ライントリガは電源周波数をトリガに使用するもので，交流の電源周波数の信号の観測に使う．外部トリガは入力信号と別の信号を使う．

トリガにはトリガモードがあり，オート（AUTO）とノーマル（NORMAL）とシングル（SINGLE）がある．AUTO はトリガ条件が一致しない場合に自動掃引になる．波形がない場合でも表示される．NORMAL はトリガ条件が一致したときのみ掃引する．SINGLE は最初にトリガ条件が一致したときのみ1回だけ掃引する．

（c） オシロスコープによる電圧の測定

測定例を**図 10・9** に示す．AC-GND-DC の切換機能を GND にして，まず接地

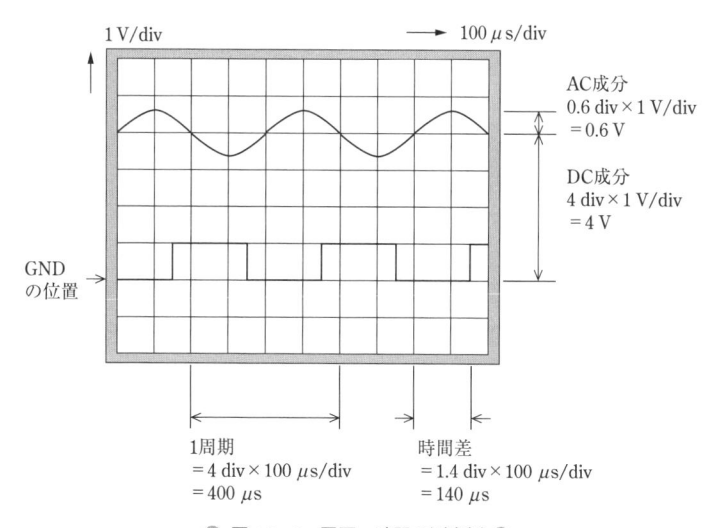

● 図 10・9　電圧・時間の測定例 ●

電位の位置を定める．このときの掃引はAUTOにしておく．この接地電位を示す輝線を位置調整（POSITION）で適当な位置にする．次に，DC電圧波形，DC電圧を含んだAC電圧波形全体を見るときは，AC-GND-DCをDCに切り換える．AC成分のみを見るときは，GNDの状態で輝線を中央にもってきて，ACに切り換える．

（**d**）オシロスコープによる時間（周期）の測定

繰返し波形の場合は，同期をかけて観測波形を静止させることができる．このとき，適当な掃引速度を選択し，その掃引速度切換えスイッチの示す値（例えば，$100\,\mu s/div$）と管面の目盛りより，信号波形の周期，二つの波形の位相差，遅れ時間などが測定できる．

〔**2**〕**ディジタルオシロスコープ**

ディジタル技術の発達により，オシロスコープもディジタル化が進んできた．今までのアナログのオシロスコープでは単発現象は波形を静止して見ることができない．また繰返し波形でもその周波数が低い場合波形がちらついて見にくいことがある．このような現象に対して**ディジタルオシロスコープ**は有効である．

このディジタルオシロスコープの外観はオシロスコープと同様である．この構成図を**図10・10**に示す．これはオシロスコープと波形記憶機能を一体化したものである．入力信号をサンプリングし，その値をA-D変換してディジタル量としてメモリに記憶しておき，マイクロプロセッサにより処理を行い表示する．表示には最近では液晶表示が使われることが多く，カラーで表示する機種もある．

さらにカーソルを用いることにより電圧差，時間差などが測定でき，その値を数値で画面上に表示できる．

このため単発現象でも記憶していたサンプル値を表示することができる．またデータを常時記憶しておくことによりトリガ以前に起きた現象を観測できるプリ

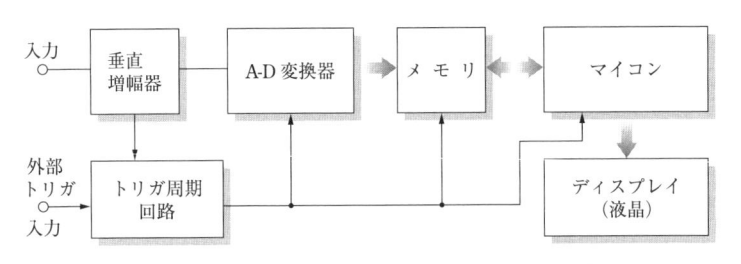

● 図10・10　ディジタルオシロスコープの構成図 ●

トリガ機能をもつものもある．波形のサンプル点が少ない場合は，マイクロプロセッサの働きで，その間を補間（曲線補間やパルス補間）して見やすくもできる．また，ノイズを含む繰返し波形に対しては，平均化処理をしてSN比を上昇させた波形を表示することができる．さらにカーソルを用いることにより電圧差，時間差などが測定でき，その値を数値で画面上に表示できる．

またトリガ以前に起きた現象を観測できるプリトリガ機能や，さらに等価サンプリングの機能により，高速繰返し現象を周波数圧縮して低周波信号としてオシロスコープ上に波形を表示する装置である．サンプリングオシロスコープ的な使い方もできる．

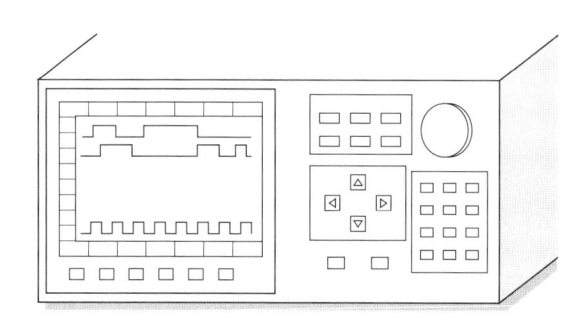

〔3〕 ロジックアナライザ

ロジックアナライザの外観を**図10·11**に示す．ディジタル回路の動作状態の観測は，オシロスコープなどでも行うことができるが，オシロスコープでは多くて4現象くらいまでの表示しかできない．これに対し，ロジックアナライザでは最大32程度までの入力信号を同時に表示できる．ただし，ロジックアナライザではアナログ波形そのものを直接表示するのでなく，入力信号をあるしきい値を用いて2進符号の"1"か"0"のどちらかの状態にあるかを判別し表示する．そのため，マイクロコンピュータなどを使用した複雑なディジタル回路の動作状態を観測するのに有効な装置である．

● 図10·11 ロジックアナライザ ●

（a）構　成

その原理的な回路構成を**図10·12**に示す．入力信号は，コンパレータ（比較器）によってしきい値（スレッショルドレベル）と比較され，"1"と"0"の2値信号に変換される．変換された2値信号は，クロックパルスのタイミングで

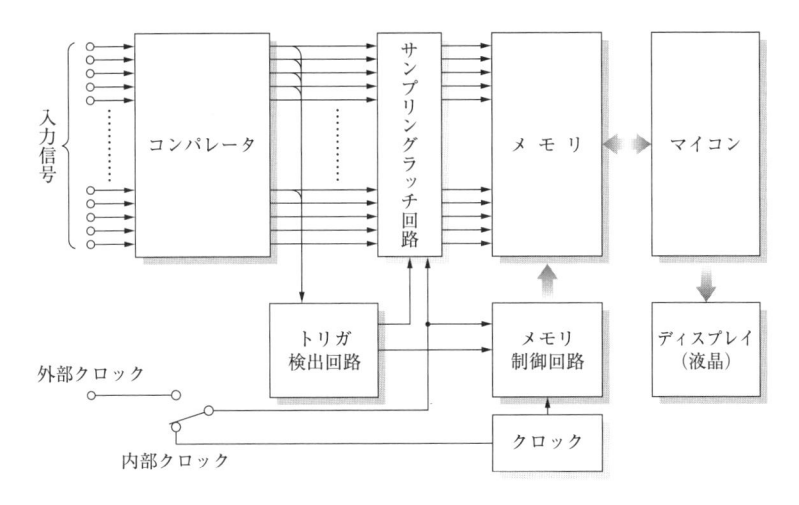

● 図 10・12　ロジックアナライザの基本構成 ●

サンプリングされ，メモリに記憶される．このメモリへの記憶動作は，トリガ信号が発生後，指定された時間経過後まで行われる．これによりトリガの前と後の現象を記憶できる．このトリガ信号は入力信号がある一定の論理パターンになったとき発生するトリガコンビネーション回路によって発生する．

(b)　表示方法（タイミング表示とステート表示）

ブラウン管への表示方法には，**図 10・13** に示すように，タイミング表示とステート表示の二つがある．**タイミング表示**は，"1"，"0"の二つのレベルに変換された波形をクロックパルスと共に表示して，各部分の信号が時間的にどのような関係にあるかを観測できるもので，主にハード面への応用に適している．一方，**ステート表示**とは，各チャンネルの信号を，2進符号のほか，8進，10進，16進などの符号として数字表示する方式で，主にソフト面の解析に使用される．

(c)　非同期サンプリングと同期サンプリング

非同期サンプリングは，高速の内部クロックを用いてデータを取り込む方法である．一方，**同期サンプリング**では，被測定信号に同期した外部クロックによりデータを取り込む．非同期サンプリングでとらえたデータはタイミング表示，同期サンプリングでとらえたデータはステート表示させて解析するのが一般的である．この意味で，非同期サンプリングをタイミング測定，同期サンプリングをステート測定と呼ぶこともある．

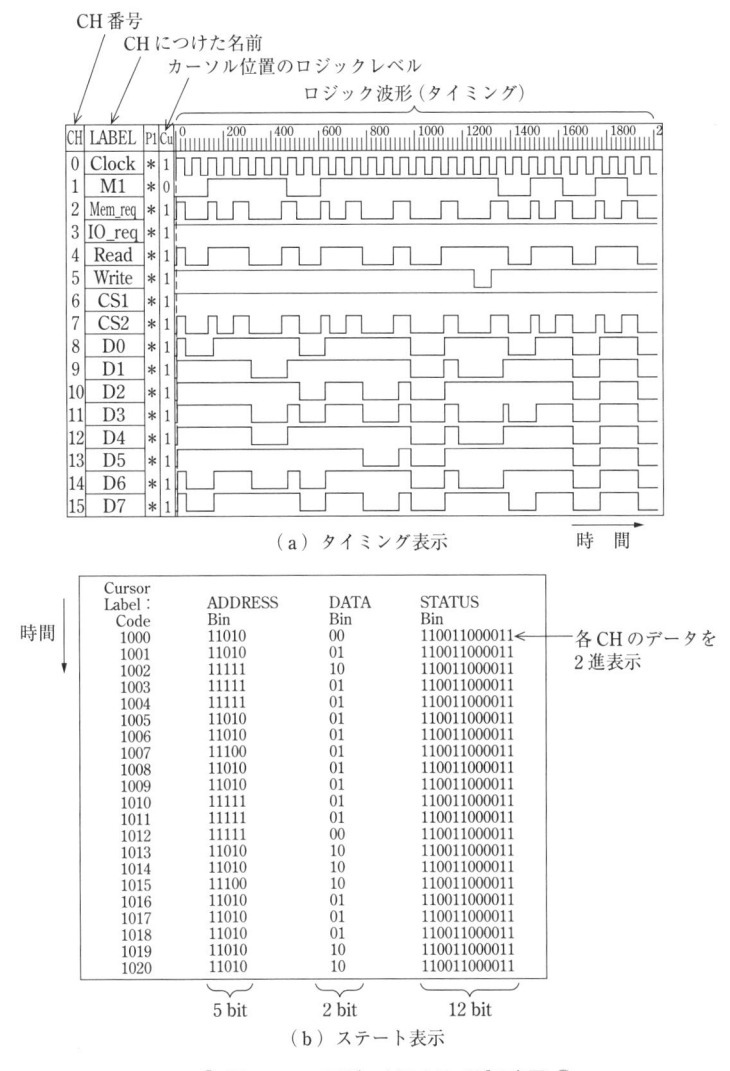

2 オシロスコープなどを用いて波形を表示させよう

- CH番号
- CHにつけた名前
- カーソル位置のロジックレベル
- ロジック波形（タイミング）

CH	LABEL	P1	Cu
0	Clock	*	1
1	M1	*	0
2	Mem_req	*	1
3	IO_req	*	1
4	Read	*	1
5	Write	*	1
6	CS1	*	1
7	CS2	*	1
8	D0	*	1
9	D1	*	1
10	D2	*	1
11	D3	*	1
12	D4	*	1
13	D5	*	1
14	D6	*	1
15	D7	*	1

（a）タイミング表示　　時　間

Cursor
Label：　ADDRESS　DATA　STATUS
Code　　Bin　　　Bin　　Bin
1000　　11010　　00　　110011000011 ← 各CHのデータを
1001　　11010　　01　　110011000011　　2進表示
1002　　11111　　10　　110011000011
1003　　11111　　01　　110011000011
1004　　11111　　01　　110011000011
1005　　11010　　01　　110011000011
1006　　11010　　01　　110011000011
1007　　11100　　01　　110011000011
1008　　11010　　01　　110011000011
1009　　11010　　01　　110011000011
1010　　11111　　01　　110011000011
1011　　11111　　01　　110011000011
1012　　11111　　00　　110011000011
1013　　11010　　10　　110011000011
1014　　11010　　10　　110011000011
1015　　11100　　10　　110011000011
1016　　11010　　01　　110011000011
1017　　11010　　01　　110011000011
1018　　11010　　01　　110011000011
1019　　11010　　10　　110011000011
1020　　11010　　10　　110011000011

　　　　5 bit　　2 bit　　12 bit
（b）ステート表示

● 図 10・13　ロジックアナライザの表示 ●

（d） サンプリングモードとラッチモード

　ロジックアナライザでは一般的に**サンプリングモード**と呼ばれる，書込みクロックパルスが発生した時点のデータ信号をそのままメモリに記憶する方法をとる．しかし，この方法ではクロックパルス間に生じた細いヒゲ状のパルス（グリッチ）をとらえることができない．そこで，**ラッチモード**と呼ばれる，書込みク

ロックパルス間におけるデータ信号の変化をとらえて,レベルを反転させ,メモリに入力する機能がある.このラッチモードによりサンプリングモードではとらえることのできないグリッチを検出できる.このグリッチは,しばしば回路の誤動作の原因になるもので,単発的な信号や不規則に繰り返される信号の場合,オシロスコープなどでは観測が難しいため,この測定は有効である.

③ 波形分析装置のしくみを知ろう

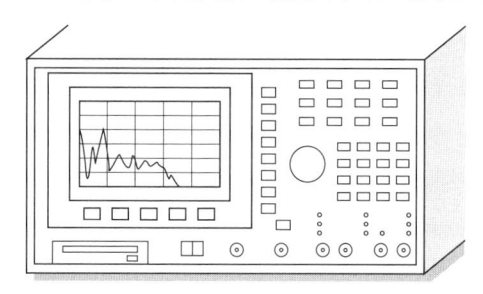

〔1〕 ディジタルスペクトラムアナライザ(**FFT**アナライザ)

科学技術の進歩に伴い,時間波形の観測から,さらに進んで,その信号の周波数分析をしたり,他の演算を施したりして,入力信号から得られる種々の情報を引き出そうという装置がいくつかつくられている.

ここでは,このような信号処理の基本である信号を周波数に分析して表示するスペクトラムアナライザについて考える.スペクトラムアナライザには,アナログ的な構成のものと,ディジタル的な構成のものがあるが,ここでは,ディジタル的な構成のものについて述べる.

図 **10·14** にディジタルスペクトラムアナライザの外観を示す.この装置は,種々の分野で使われる.例えば,機械の振動や音などをセンサでとらえて,その信号を周波数分析することで機械の伝達関数の測定や,音の分析に使われたりする.

● 図 **10·14** ディジタルスペクトラムアナライザ ●

〔2〕 原 理

入力信号は,次式に示すように種々の周波数成分からなる合成波とみなすことができる.

$$x(t) = \frac{a_0}{2} + \sum_{k=1}^{\frac{n}{2}-1}(a_k \cos 2\pi f_k t + b_k \sin 2\pi f_k t) + \frac{a_{n/2}}{2}\cos \pi t \qquad (10 \cdot 3)$$

次式の離散フーリエ変換の演算で，この各周波数成分を算出する．

$$a_k = \frac{2}{N}\sum_{n=0}^{N-1} x(n)\cos\frac{2\pi}{N}kn \quad \left(k = 0, 1, \cdots, \frac{n}{2}\right) \quad (10\cdot 4)$$

$$b_k = \frac{2}{N}\sum_{n=0}^{N-1} x(n)\sin\frac{2\pi}{N}kn \quad \left(k = 0, 1, \cdots, \frac{n}{2}-1\right) \quad (10\cdot 5)$$

ここで，$x(n)$ は $x(i)$ を $t_n = n/f_s$ でサンプリングしたサンプル値を示す．f_s はサンプリング周波数である．

通常，これらの計算には，**高速フーリエ変換**（fast Fourier transform：FFT）という高速算法が使われるため，このような装置を FFT アナライザと呼ぶ．なお，式 (10・3) のサンプル値 $x(n)$ と式 (10・4)，(10・5) のフーリエ係数に対する複素数表現は，次式のように表され，FFT では一般に式 (10・7) に従って計算される．

$$x(n) = \sum_{n=0}^{N-1} X(k)e^{j\frac{2\pi}{N}kn} \quad (k = 0, 1, \cdots, N-1) \quad (10\cdot 6)$$

$$X(n) = \frac{1}{N}\sum_{n=0}^{N-1} x(k)e^{-j\frac{2\pi}{N}kn} \quad (k = 0, 1, \cdots, N-1) \quad (10\cdot 7)$$

なお，FFT では，式 (10・7) の $1/N$ を式 (10・6) の $x(n)$ の方に付ける場合が多い．

フーリエ変換の計算法では，sin，cos の三角関数の直交関数の性質が利用される．すなわち，式 (10・4)，(10・5) において，成分の異なるものどうしの積和は零になり，同じ成分どうしの積和のみが非零の値を示し，その値は信号に含まれるその成分の大きさに比例する．等価的には各周波数成分のみを通すバンドパスフィルタを並列に並べたようなことをしている．

実際にある入力波形をフーリエ変換するとき，分析期間の取り方の影響（端の所の効果）を少なくするため，窓関数（ウインドウ関数）がかけられて処理される．装置では，その窓関数の種類を選択できるようになっている．

実際のスペクトラムアナライザの構成を**図 10・15** に示す．アナログ入力端子に加えた信号は，解析可能周波数以下を通すローパスフィルタ（エイリアシング除去）に通される．その後，A-D 変換器によりサンプル値はディジタル量に変換され，メモリに記憶される．この記憶されたデータ $x(n)$ を使って FFT 演算回路（専用ハードウェア，またはマイクロコンピュータ）によって式 (10・7) の

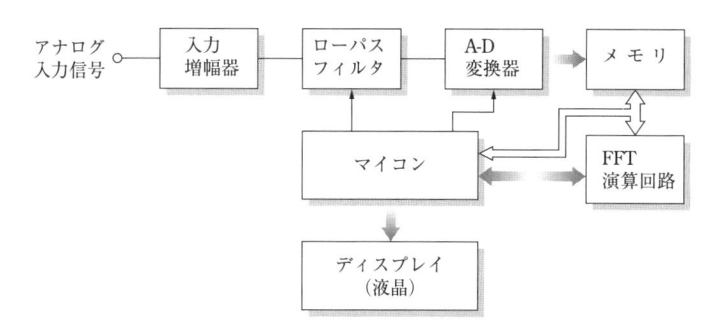

● 図10・15　ディジタルスペクトラムアナライザの構成図 ●

フーリエ変換が計算され，各周波数成分に分解される．その結果は，マイクロコンピュータによって液晶などに表示される．記憶されたデータを使って，スペクトルのほかに，伝達関数，相関関数，コヒーレンス関数なども求められるようになっている装置が多い．

まとめ

　本章では，電気・電子製品の開発に使用する基本的な計測器についてその原理と使用方法について説明した．ここで述べた計測器はここで述べた以上にさまざまな使い方ができ，多くの情報を得ることができる．適切な使用方法をマスターし有効に使いこなすことを望む．

演習問題

問1　ディジタルマルチメータで電流，抵抗値を測定する原理を説明せよ．
問2　オシロスコープでアナログ信号の波形が表示される原理を説明せよ．
問3　オシロスコープでAC成分とDC成分のある波形を観測する方法について説明せよ．
問4　アナログオシロスコープとディジタルオシロスコープの違いについて説明せよ．
問5　ロジックアナライザのトリガ機能について調べて記述せよ．
問6　離散フーリエ変換を高速に行う，高速フーリエ変換のアルゴリズムについて調べよ．

11章

測定値の伝送

本章では，測定されたデータを伝送するための方法，すなわち，測定値のデータ伝送について学ぶ．有線と無線による伝送に分け，それらの原理と実際の方式を学ぶ．また，データ伝送における信頼度向上の方法について学ぶ．

1 有線による測定値の伝送

〔1〕 パルス符号変調方式とライン符号

パルス符号変調（PCM, pulse code modulation）方式は，基本的に次の三つの操作，①**標本化**（sampling），②**量子化**（quantizing），③**符号化**（coding）によって行われる．①の操作は標本化定理による時間軸の離散化であり，情報信号の最高周波数 f_{max} の 2 倍より大きい標本化周波数 $f_s > 2f_{max}$，すなわち，標本化時間間隔 $\Delta t = 1/f_s$ で情報信号をサンプリングし，振幅の標本値系列を得ることである．これらの標本値は連続値であり，②の操作で離散的なレベルに量子化し，さらに③の操作で 0, 1 の 2 値に符号化する．②および③の操作はいわゆる A-D（analogue-digital）変換の操作である．PCM 方式のブロック図を**図 11・1**に示す．

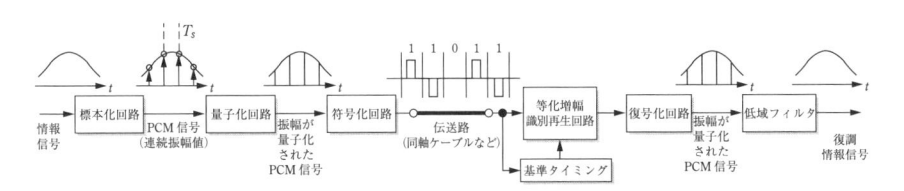

● 図 11・1　PCM 方式のブロック図 ●

有線伝送方式における 0, 1 符号に対する種々の伝送波形（ライン符号）を**図 11・2**に示す．図 11・2 において両極性パルスの一種である AMI（alternate mark inversion）パルスは 1 が現れるごとに + と − を交互に取るので平均として直流分を含まない（完全平衡符号波形）．符号波形としては，直流分を含まず，所用伝送帯域幅が狭く，符号間干渉（パルス間の干渉）が少なく，符号波形系列

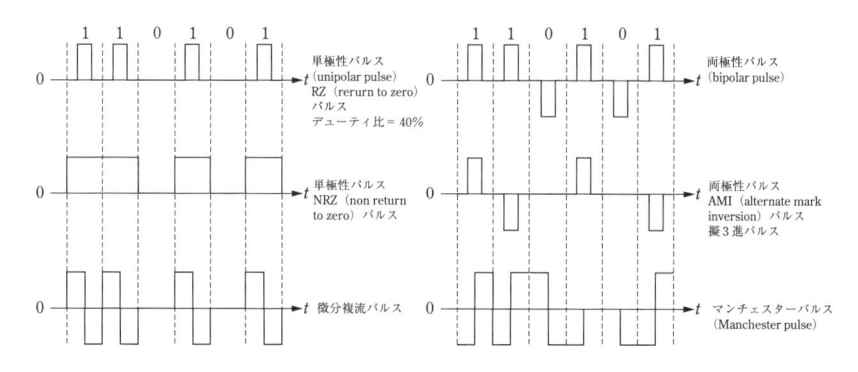

図11・2 PCM信号伝送用ライン符号

からビット同期のためのタイミングを抽出しやすいなどの条件が必要とされ，これらの要求から AMI パルスは同軸ケーブルを用いた伝送に広く用いられる．

〔2〕 ケーブル伝送と符号間干渉

ペアケーブルや同軸ケーブルなどを伝送路として用いると，これらケーブルの周波数特性は低域通過フィルタ特性になっており，ケーブル伝送後の出力端ではパルス波形が鈍ってパルス間に**符号間干渉**（inter-symbol interference，ISI）を生じる．例えば，ケーブルの伝送特性の近似として，最も簡単な一次の RC フィルタ特性を考えると，その伝達関数は $H_L(s) = \omega_c/(s+\omega_c)$ で与えられる．RC フィルタによる低域通過フィルタリング波形を図 11・3 (a) に示す．これらの波形を見てわかることは，ケーブル伝送により波形が鈍ることである．この鈍りの程度は伝送ケーブルの遮断周波数 $f_c = \omega_c/(2\pi)$ が小さいほど大きい．この鈍りの程度が大きいとケーブル伝送後に +1 と -1 とが判別できなくなる．これを符号間干渉という．この符号間干渉の程度を直視する方法として**アイパターン**（eye pattern）がある．これを図 11・3 (b) に示す．これは 1 ビット長 T の整数倍にわたって何度も波形のトレースを重ねることにより，符号間干渉を可視化するものである．アイ（目），すなわち，パルスの開口が大きいほど符号間干渉が少ないといえ，良好な伝送となる．

次に図 11・1 のケーブル伝送後の PCM 信号の**等化増幅識別再生**について述べる．これは基本的に①**等化**（equalization）と**増幅**（amplifying），②**タイミング**（timing），③**識別再生**（regeneration）から成る．等化増幅識別再生回路の波形を**図 11・4** に示す．等化とは，伝送路の低域通過の周波数特性により鈍った

(a) 符号間干渉　　(b) アイパターン

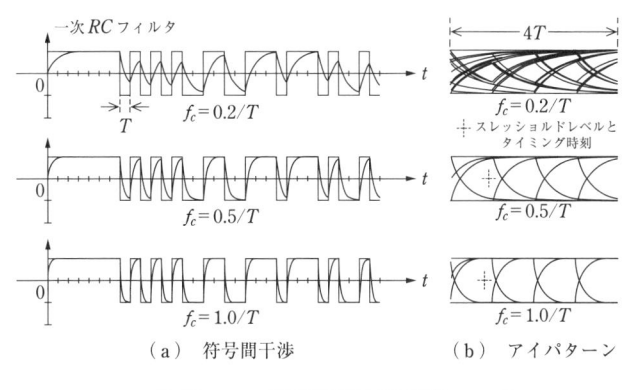

● 図 11・3　符号間干渉とアイパターン ●

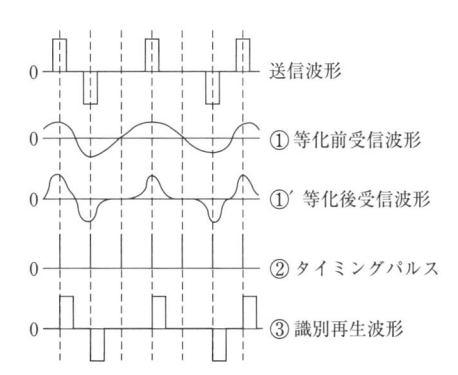

● 図 11・4　PCM 等化増幅識別再生回路の波形 ●

波形を元どおりに近い送信波形に戻す操作であり，伝送路の低域通過（高域減衰）特性を補償すべく高域を強める．適当な距離間隔で図 11・4 のような等化増幅識別再生による中継を繰り返せば，パルス波形は伝送ケーブルの周波数特性によって鈍ることがなくなり，何段でも誤りなしに中継できることになる．これを PCM 信号の**再生中継**という．

〔3〕 光ファイバ伝送

光ファイバ伝送では，0，1 の光パルスを光強度変調して送る**光パルス変調**が用いられる．光ファイバ伝送路は断面を見たとき，**コア**と呼ばれる高い屈折率 n_1 の部分とその周りの**クラッド**と呼ばれる低い屈折率 n_2 の部分からできている．これを図 11・5 に示す．臨界角以下で入射した光波はコアの中に閉じ込められコア中を全反射を繰り返しながら進んでいく．コア半径が小さいと一つの臨界

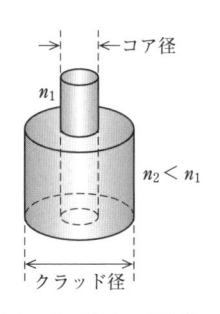

● 図11・5 光ファイバ ●

角のみ可能となり単一モード伝送となるが，コア半径が大きいと複数の臨界角が可能となりマルチモード伝送となる．単一モードの光ファイバは，コアおよびクラッドは屈折率の異なる石英ガラスで構成されコアの直径は数 μm である．マルチモードの光ファイバは，屈折率の変化のしかたによりステップインデックス形（階段屈折率形）とグレーデッドインデックス形（分布屈折率形）に分かれる．コアの直径は両者とも 50 μm 程度である．光波の波長としては全反射，ファイバの不均一性や不純物との関係から赤外線波長である 1.3～1.6 μm が主に用いられる．単一モード光ファイバの減衰定数は最も低くでき，1.6 μm 帯で 0.15 dB/km 程度である．

光パルスの伝送においては伝送距離の増加につれ光パルスの幅が広がる時間分散が起こる．時間分散によりパルス幅が広がると受信側でパルスの裾が重なって個々のパルスの分離ができなくなり，伝送速度〔bps〕を高くできない．したがって，減衰や時間分散がある許容値を超える距離において，光パルスの中継を行う必要がある．この中継距離は通常数十～百 km 間隔で行われる．光ファイバ通信の光源としては，半導体レーザ（注入形レーザ，injection laser）や LED (light emission diode) が用いられる．光検出器としては pin ダイオード，あるいはアバランシェフォトダイオード（avalanche photo diode，APD）が用いられる．

〔4〕 具体的な有線伝送方式

（a） RS232C

RS232C は，ほとんどのパソコンなどに搭載されているシリアル通信の規格の一つであり，最高通信速度は 115.2 kbps，ケーブルの最大長は約 15 m であり，パソコンなどの本体とプリンタ，モデムなどの周辺機器を接続するのに使われる．

RS232Cでは，ビット0を電圧レベル+3〜+15V，ビット1を-15〜-3Vで送る．通常のTTLレベル（Lレベル約0V，Hレベル約2.5〜4.5V）に直すには，RS232Cケーブル上の電圧の正負を反転し，電圧レベルをTTLレベルに変換する．データ伝送は8ビットを単位とする調歩同期（step by step synchronization）方式で行われ，**図11・6**のような構成を取る．ただし，図11・6ではLレベルを0で，Hレベルを1（正論理）で表している．信号が送られていないときは，RS232Cケーブル上は1（実際の電圧レベルは負）となっている．データ伝送の開始にあたり，スタートビット0（実際の電圧レベルは正）が送られる．受信側では1→0のレベル変化を感知し，レベル変化時刻からΔ秒後に，連続8ビットのデータが，やはり1ビットΔ秒間隔で送られてくることを知る．8ビットのデータビットの受信が終わると，最後にストップビット1が送られ，以後再び信号が送られていない1のレベルに戻る．このようにデータ伝送8ビット単位ごとにスタートビット0が送られ，このビットの送信時刻は任意で非同期である．このことからRS232Cは**非同期通信方式**の一つである．一方，送信側と受信側でクロックパルスを共有し（送信側から受信側へクロックパルスを別に送り），クロックパルスタイミングに同期して通信する方式を**同期通信方式**と呼ぶ．

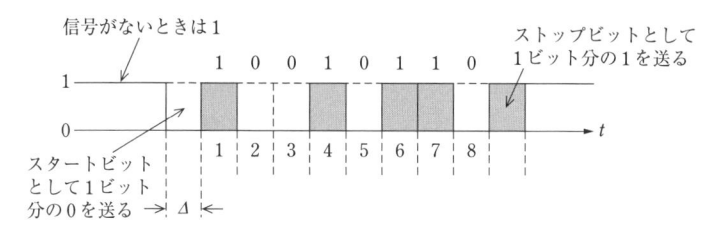

● 図11・6　RS232Cの信号形式 ●

（b）USB

USB（universal serial bus）は，1996年にUSB1.0仕様書が公開され，1998年にUSB1.1仕様書，2000年にUSB2.0仕様書が発行された．USBの特徴として，Hot Plug（ホストのパソコンなどの電源ON状態で端末デバイスの抜き挿しが可能），バス電源（パソコンなどからUSBケーブルを介して電源が供給される），Plug & Play（パソコンなどに端末デバイスをつなぐと自動的に認識される）などがあげられる．また，シングルマスタ方式であり，すべての端

末デバイスは，ホストのパソコンなどによって管理されており，ホスト側からの呼出しに従ってホストと端末との間でデータの送受信を行う．データ伝送は1ms長のフレーム単位で行われ，各フレームの中で各端末デバイスに少しずつ伝送時間が割り当てられる．USBの主な規格を**表11・1**に，また，USBケーブルによるツリー状の接続の様子を**図11・7**に示す．

● 表11・1　USBの主な規格 ●

データ転送速度	USB1.0 & 1.1	1.5 Mbps/12 Mbps
	USB2.0	1.5 Mbps/12 Mbps/480 Mbps
USBケーブル		4線式，フルスピード：最大5m，ロースピード：最大3m
電源線電圧		5V，GND
信号線電圧		3.3V差動信号線（D+，D−）
ホスト数		1台
端末デバイス数		最大127（ツリー構成は最大6階層まで接続可能，ハブ利用）
プラグ		ホスト側上流：長方形プラグ　端末側下流：正方形プラグ

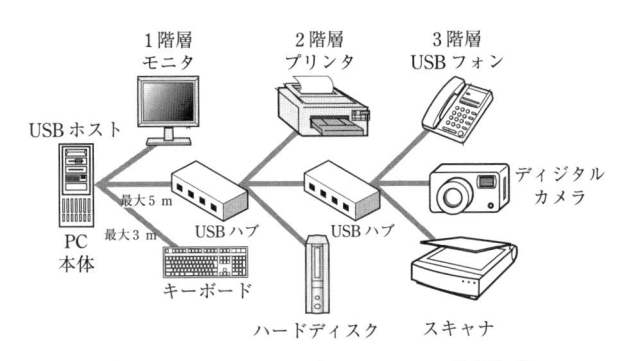

● 図11・7　USBケーブルによるツリー状接続 ●

（c）イーサネット

イーサネット（Ethernet）は，有線LANの規格であり，10BASE-5が1983年にIEEE 802.3規格として標準化された．パケット衝突回避用のアクセス制御にはCSMA/CD（carrier sense multiple access with collision detection）を採用している．10BASE-5は太い同軸ケーブル（直径約1.27 cm，イエローケーブルなど）を利用した，通信速度10 Mbps，最大伝送距離500 m，最大接続機器数100台のバス形LANであった．その後，より対線（ツイストペアケーブル）

を用いたリピータハブを中心とするスター形 LAN である 10BASE-T が普及したが，通信速度は 10 Mbps，最大伝送距離は 100 m までである．ツイストペアケーブルは 8 心線 4 対から成っているが，10BASE-T と通信速度 100 Mbps の 100 BASE-TX ではそのうち 4 心線 2 対のみを送信用および受信用に使用する．

また，リピータハブを多段接続することで，アクセス制御として CSMA/CD が動作するコリジョン（衝突）ドメインを拡大できる．なお，一つのコリジョンドメインはセグメントと呼ばれることが多い．複数のセグメントは，スイッチングハブによって接続されブロードキャストドメインを形成する．このブロードキャストドメインがイーサネットにおける一つのネットワークである．ここでスイッチングハブは，コリジョンドメイン上で衝突の起きたパケットは中継せず，正常なパケットのみを中継する．また，中継先のセグメント上に信号が流れている場合は，内部メモリにより一時記憶し，後で中継する．

さらに，複数のブロードキャストドメイン（ネットワーク）を接続するためには，ネットワーク層での中継ルーティング機能をもつルータを用いる．

近年では，100 BASE-TX などの Fast Ethernet の普及が進んでおり，通信速度 1 Gbps を可能とする 1000 BASE-T の普及も始まっている．イーサネットの構成を図 11・8 に示す．

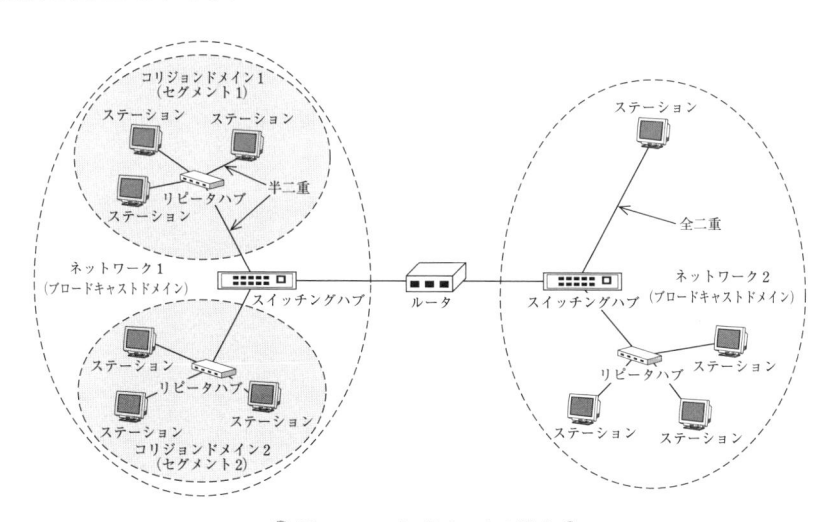

● 図 11・8　イーサネットの構成 ●

2 無線による測定値の伝送

〔1〕 AM・PM・FM変調

無線伝送では，アンテナを用い空間へ電波を放出する必要があり，このために電波の周波数である搬送波（キャリヤ）周波数 f_c に情報信号を乗せる必要がある．この操作が変調であり，基本的に**振幅変調**（**AM**）方式，**位相変調**（**PM**）方式，および**周波数変調**（**FM**）方式の3方式がある．情報信号が乗った被変調信号の電圧波形は

$$v(t) = a(t) \sin\{2\pi f_c t + \theta(t)\}$$

と表すことができる．振幅変調方式では，搬送波の振幅 $a(t)$ を変化させて情報を伝送する．位相変調方式および周波数変調方式では搬送波の位相 $\theta(t)$ を変化させる．

〔2〕 PSK方式，FSK方式，QAM方式

(**a**) PSK方式

PSK（phase shift keying）方式は**ディジタル位相変調**（ディジタルPM）のことであり，キャリヤ信号の位相変化によりディジタル情報を伝送する．すなわち，2位相を用いたPSK（2相PSK，binary PSK，あるいはBPSK）信号は，送信ビット0，1に対し

$$(0) \to v(t) = A\cos(2\pi f_c t + 0), \quad (1) \to v(t) = A\cos(2\pi f_c t + \pi)$$

と表せる．PSK信号の復調は位相の検出であり，**同期検波**（coherent detection）によって行える．しかし，受信側で，位相の値は相対的であるため，0または π という絶対的な位相の値は確定できない．位相を確定するためには，あらかじめ位相基準として絶対位相0のパイロット信号を送信する必要があり，これをキャリヤ同期検波用の**プリアンブル**（preamble）**信号**という．また，プリアンブルを用いない方法として，連続する2個のPSK信号間の位相の変化量 $\Delta\theta$ を用いることができる．すなわち，位相変化量 $\Delta\theta = 0$ ならばデータビットは0，$\Delta\theta = \pi$ ならば1と判定する．これを **DPSK**（differential PSK）と呼ぶ．また，PSK信号 $v(t) = A\cos(2\pi f_c t + \theta)$ において，送信の位相 θ が 0，$\pi/2$，π，$3\pi/2$ の4値を取れば，これらいずれかを受信することで，それぞれ2ビットペア (00)，(01)，(11)，(10) を受信できる．これを **QPSK**（quaternary PSK）という．一般に $M = 2^n$ 個の送信位相を用いるものを **MPSK** と呼び，一度に n ビ

ットを復調できる．同様に位相変化量 $\Delta\theta$ を $M = 2^n$ 個設ける M-DPSK も実現できる．

（b） FSK 方式

FSK（frequency shift keying）方式は**ディジタル FM 方式**とも呼ばれ，ディジタル的な周波数変調である．すなわち，送信データビットが 0 ならば周波数 f_1 を送り，1 ならば周波数 f_2 を送る．すなわち

$$(0) \rightarrow v(t) = A\cos(2\pi f_1 t + \varphi),\quad (1) \rightarrow v(t) = A\cos(2\pi f_2 t + \varphi)$$

ただし，φ はランダムな位相値である．FSK 信号の振幅 A は一定で，また，周波数の変化点で位相は連続である（これを特に位相連続 FSK 信号という）．FSK 信号の復調は，アナログ FM 信号の復調と同様，リミッタディスクリミネータ復調器による周波数検波で行える．2 値 FSK において $h = 2\Delta fT$ は変調指数と呼ばれる．ただし，$2\Delta f = f_2 - f_1$ であり，Δf は最大周波数偏移，T は 1 ビット長である．また，$\Delta f = f_2 - f_c = f_c - f_1$ と書け，$f_c = (f_2 + f_1)/2$ は FSK 信号の中心周波数といえる．特に変調指数が $h = 0.5$ の場合は，**MSK**（minimum shift keying）と呼ばれる．通常は $h \leq 1.0$ であり $h = 0.3, 0.5, 0.7$ などの値がよく用いられる．FSK 方式では変調指数 h が大きくなるにつれ，FSK 信号の送信周波数スペクトル帯域が広がり，ビット誤り率特性が改善されるが，より広い伝送帯域幅を必要とする．MPSK と同様，FSK の周波数を $f_1, f_2, \cdots, f_M$ と多値化することにより，多レベル FSK（MFSK）を実現できる．例えば，$M = 8$ である 8FSK では周波数 $f_1, f_2, \cdots, f_8$ を用い，受信側で一つの周波数を検出すると，$M = 8 = 2^3$ より 3 ビットの情報を復調できる．

（c） QAM 方式

QAM（quadrature amplitude modulation）方式は**ディジタル振幅・位相変調方式**である．すなわち，キャリヤの振幅と位相を同時にディジタル変調する．例として 16QAM 方式をあげると，ある信号区間 T において信号波形 $v(t)$ は

$$v(t) = A_k \cos(2\pi f_c t + \theta_k),\quad kT \leq t \leq (k+1)T$$

と表せる．16QAM の信号点 $A_k e^{j\theta_k}$ （信号波形の極座標表示）は，振幅 A_k と位相 θ_k（$k = 1, \cdots, 16$）の組合せで，正方形状の格子点に 16 個存在するが，一つの信号点（信号長 T）を受信することで一度に 4 ビット（$2^4 = 16$）を復調できる．16QAM 方式のほか，さらに信号点数を増やした 64QAM，256QAM，1 024QAM などが使用され，1 信号で多数（それぞれ 6, 8, 10 ビット）の情報ビットを伝送

でき伝送効率が高い．しかし，信号数をあまり大きくすると，受信側で隣接する信号点間のユークリッド距離が小さくなり，雑音の存在する状況下での信号点の判別が難しくなる．したがって，多くの信号点をもつ QAM 方式ほど伝送効率は高いが，雑音に対しては弱くなる．なお 4QAM 方式は QPSK 方式に，2QAM 方式は BPSK 方式に等しい．QAM 信号の復調は同期検波を用いた直交復調器により行う．

〔3〕 具体的な無線伝送方式
（a） 無線 LAN : IEEE802.11a/b/g/n

無線 LAN は，IEEE802.11 系の規格として普及が進んでいる．IEEE802.11 系無線 LAN 規格の諸元と比較を**表 11·2** に示す．IEEE802.11 系の中では IEEE802.11n 規格がもっとも新しく，送受信アンテナ 1×1 を用いる OFDM 技術である IEEE802.11a/g をさらに発展させ，複数の送受信アンテナ $M \times N$ を用いる MIMO-OFDM 技術をベースに，伝送速度，通信距離および通信信頼度の改善を図るものである．

● 表 11·2　無線 LAN 規格の諸元と比較 ●

規　格	最大伝送速度	通信距離	変調アクセス方式	周波数帯	標準化時期	伝送速度	伝送距離	電波干渉
IEEE802.11b	11Mbps	数十 m	DS-SS, CCK, CSMA/CA	2.4 GHz	1999.9	△	◎	△
IEEE802.11a	54Mbps	数十 m	OFDM, CSMA/CA	5 GHz	1999.9	○	△	◎
IEEE802.11g	54Mbps	数十 m	OFDM, CSMA/CA	2.4 GHz	2003.5	○	○	△
IEEE802.11n	100〜200Mbps	数十 m	MIMO, OFDM, CSMA/CA	5 GHz	2006	◎	◎	◎

DS-SS：direct sequence spread spectrum
OFDM：orthogonal frequency division multiplex
MIMO：multiple input multiple output
CCK：complementary code keying
CSMA/CA：carrier sense multiple access with collision avoidance

（b） 無線 PAN : Bluetooth, ZigBee, UWB

無線 LAN とならび端末機器や各種センサを無線で接続する**無線 PAN**（personal area network）は，ユビキタスネットワークの構築に大きな役割を果たすと考えられる．無線 PAN の規格と諸元を**表 11·3** に示す．また，ワイヤレスセンサネットワーク（wireless sensor network）と呼ばれるネットワークが存在する．これは分散して置かれた多くのセンサ端末（ノード）を無線ネットワークで結合し，各種のデータを収集し，機器の制御に利用するものである．ジグビー

3 伝送制御手順と誤り制御

● 表11・3 無線パーソナルエリアネットワークの諸元 ●

規格	最大伝送速度	伝送距離	変調アクセス方式	周波数帯, 送信電力, 標準化時期
ZigBee (IEEE802.15.4)	250 kbps	10 ~ 75 m	OQPSK, BPSK DS-SS	2.4 GHz/868 MHz/915 MHz 60 mW, 2003年
Bluetooth (IEEE802.15.1)	1 Mbps	10 m	GFSK, FH-SS, TDD	2.4 GHz 120 mW/4.2 mW, 2001年
UWB (IEEE802.15.3a)	100 Mbps 以上 (480 Mbps)	10 m (110 Mbps) 4 m (200 Mbps)	MB-OFDM DS-UWB など	3.1 ~ 10.6 GHz 100 mW, 2005年

OQPSK：offset quaternary phase shift keying
GFSK：Gaussian frequency shift keying
FH-SS：frequency hopping-spead spectrum
TDD：time division duplex
MB-OFDM：multi band-orthogonal frequency division multiplex
DS-UWB：direct sequence-ultra wide band

(ZigBee) などは小形・軽量・安価であり，センサノードの構成要素に適している．

3 伝送制御手順と誤り制御

〔1〕 自動再送要求

ARQ（automatic repeat (retransmission) request）では，送信側でデータをブロック単位に分け，それぞれのブロックに誤り検出符号（CRC-16 符号など）を付加する．このブロックを 1 パケットとし，パケット単位で送信する．受信側ではパケットを受信した後に誤り検出を行い，誤りが検出された場合は送信側にNAK（negative acknowledgement）を返信し，パケットの再送を要求する．誤りが検出されない場合は ACK（acknowledgement）を返信し，次のパケットの送信を行う．ARQ の利点は，受信パケットに誤りビットがなくなるまで再送を繰り返すことにより，極めて信頼性の高い通信ができることである．ARQ方式として，SW（stop-and-wait）ARQ, GBN（go-back-n）ARQ, SR（selective-repeat）ARQ の三つがよく知られている．

〔2〕 前方誤り訂正

FEC（forward error correction）では誤り訂正符号を用いる．送信側で k データビットに誤り訂正用の $(n-k)$ パリティチェックビットを付加し，全体として $n(=k+n-k)$ ビットを 1 ブロックとして送信する．ここで $R=k/n$ を符号化率（効率）と呼ぶ．受信側では誤り訂正復号を行う．ARQ のような帰還通

信路がいらず再送を必要としない．代表的なブロック符号としていずれも巡回符号（cyclic code）として分類される，BCH（Bose-Chaudhuri-Hocquenghem）符号や複数ビットから成るバイト単位で誤り訂正が行える RS（Reed-Solomon）符号がある．

〔3〕 誤り検出用 CRC 符号

CRC（cyclic redundancy check）符号は BCH 符号や RS 符号と同じ巡回符号の一種である．しかし，CRC 符号は誤り検出のみを目的とした符号で，誤りの訂正はできず，通常 ARQ と併用して用いられる．CRC 符号では CRC-16 符号が有名である．情報ビットの最後に 16 ビットを付加し 1 パケットとする．$2^{15} - 1 = 32\,767$ ビット長までのパケットならば，ランダム誤り，バースト誤り，どちらにおいてもパケット中の 3 個までの誤りを検出できる．CRC 符号は巡回符号の一種であるため，生成多項式に対応した 2 進シフトレジスタ回路で符号化および誤り検出復号できる．CRC-16 符号の生成多項式は $G_{16}(x) = x^{16} + x^{12} + x^5 + 1$ で与えられる．CRC-16 符号のほか，CRC-12 符号や CRC-32 符号なども用いられる．

まとめ

測定値の伝送について述べた．測定値の伝送を有線伝送と無線伝送に分け，それぞれの伝送方式の基本原理と具体的な方式について言及した．また，高信頼度な測定値の伝送に関し，伝送制御手順と誤り制御について述べた．測定値の伝送は，ディジタル通信が基礎であるが，ディジタル通信は，測定値の伝送以外でも多くの分野で用いられている．しかし，測定値の伝送に関していえば，他のディジタル通信の分野に比べ，より高い信頼度やリアルタイム性が求められると考えられる．これらの信頼度やリアルタイム性は，測定値の伝送に対する要求条件で決まるものであり，一概には論じ得ない．リアルタイム性が求められる場合は，ARQ 方式における再送が使用できないことも多く，1 回で誤りなく伝送するために強力な誤り訂正符号（FEC）を使用する必要も生じる．また，近年，センサネットワークのように，測定値をいろいろなルートを通し，マルチホップ（多段中継）して伝送することも考えられている．このような応用は，ユビキタスネットワークの進展に伴い普及すると考えられる．測定値の伝送に要求される条件を満たす伝送方式の選択が重要である．

演習問題

問1 PCM方式では，情報信号の帯域が $0 \sim f_{max}$ [Hz] であるとき，最高周波数 f_{max} の2倍以上のサンプリング間隔 $\Delta t < 1/(2f_{max})$ で時間軸を標本化し，1標本値を n ビット量子化する．$f_{max} = 20\,\text{kHz}$ のとき，Δt を10%の余裕をもって標本化し，$n = 16$ ビットで量子化する場合，PCM方式のビット速度 [bps] を求めよ．

問2 ディジタル伝送では受信側で 0, 1 ビットの判定タイミングを取る．これに関し，同期通信式と非同期通信式に分けられる．これらの違いを述べよ．

問3 64QAM信号 $A_k \cos(2\pi f_c t + \theta_k)$ （$k = 1, \cdots, 64$）の1信号長 T が $1\,\mu\text{s}$ であった．このとき64QAM信号のビット速度 R [bps] を求めよ．

問4 ディジタル通信の通信品質を表すビット誤り率 BER (bit error rate) は，縦軸に BER を，横軸に E_b/N_0 を取って表す．BER特性の横軸である E_b/N_0 の意味について考察せよ．

問5 無線LANや地上波ディジタル放送などで用いられる OFDM 変調方式についてその特徴を述べよ．

12章

光計測とその応用

　本章では，さまざまな計測技術の応用のなかでも，光計測に関連した応用について述べる．光をいろいろな波長成分に分離する，分光と呼ばれる技術は，人間が色として感じている以上の情報をもたらす．また，人間が見ることができる可視光だけでなく，赤外光と呼ばれる見えない光も存在し，非破壊分析に威力を発揮していることを学ぶ．

1 光の波長成分にはどのような意味があるのだろう

　光には波長という性質があり，人間には波長の長短によって，色が赤から黄，緑，青へと変化して感じられる．目で見ることのできる光の波長（可視波長）は，およそ380 nm（ナノメートル，1 nmは1 mの10億分の1）から780 nmまでであり，日常生活でわれわれが目にする光は，さまざまな波長の光が混ぜ合わさったものである．この範囲の波長の光が同じ強さで混ぜ合わさると，人間には白色に見える．逆に，波長によって配合量が異なると，色付いて見える．

　このようないろいろな波長の光がどのように混ざり合っているのかを調べるために，光を波長成分に分け，波長の長短順にその成分量を調べることを**分光**と呼び，波長ごとの成分量を**分光分布**という．**図 12・1** は太陽光と蛍光灯（昼光色）の分光分布を，横軸を波長，縦軸を光の各波長のエネルギーにとってグラフ表示したものである．これらは見た目にはどちらも白色であるが，分光分布で比較す

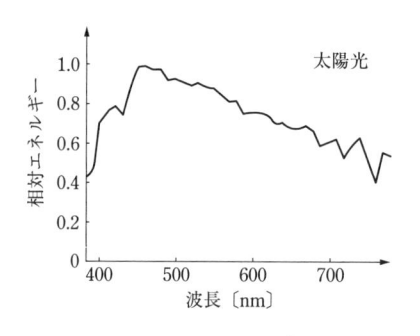

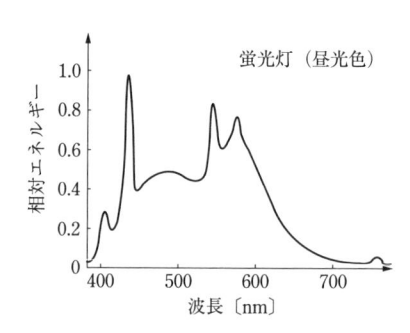

● 図 12・1　光源の分光分布 ●

るとずいぶん違っていることがわかる．つまり，分光分布から，人間の目で感じる色としてはわからないような細かな違いについての情報を知ることができる．

波長をλと表し，光源の分光分布が$E(\lambda)$，眼に入ってくる光の分光分布を$I(\lambda)$であるとする．光源から照射された光は対象物の表面で一部が吸収され，残りが反射されて観察者の目に届く．このとき，波長ごとに反射率を記述した

$$R(\lambda) = 100 \times I(\lambda)/E(\lambda) \ [\%] \tag{12・1}$$

を**分光反射率**と呼ぶ．この値は物体によって違うため，それぞれが固有の色をもつことになる．例えば，ある光源の下でリンゴとピーマンを見ている状況を考えよう（**図12・2**）．光源の分光分布と反射光の分光分布の比から求めたピーマンとリンゴの分光反射率を見れば，緑のピーマンからは中波長の光が，赤いリンゴからは長波長の光がより多く反射していることがわかる．逆に，赤いリンゴは短～中波長の光を，緑のピーマンは短および長波長の光をよく吸収しているということもできる．波長ごとの光の吸収の程度を表す量として**分光吸光度**

$$A(\lambda) = \log_{10}(E(\lambda)/I(\lambda)) = \log_{10}(100/R(\lambda)) \tag{12・2}$$

が知られている．

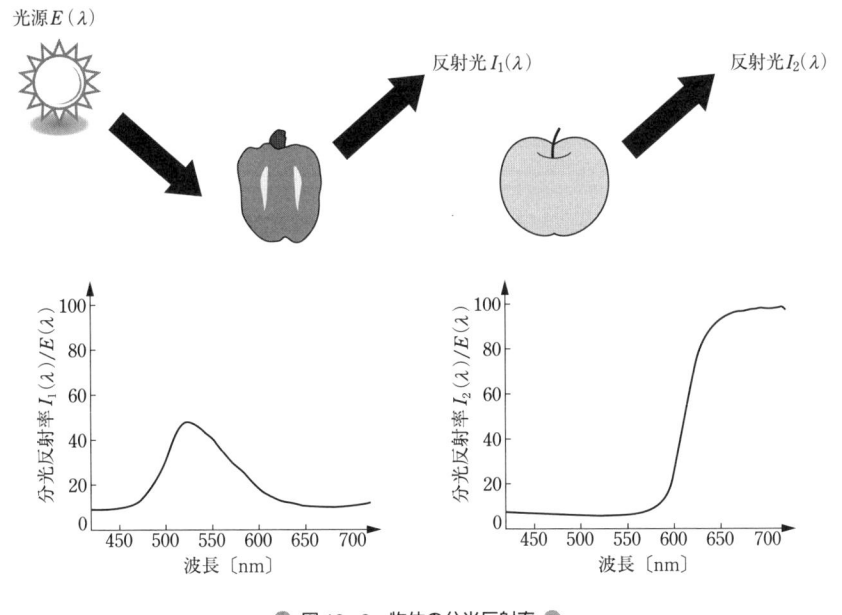

● 図 12・2　物体の分光反射率 ●

2 光の波長成分を取り出すには

分光分布の測定には，**分光器**と呼ばれる装置を用いる．分光器とは，測定する光からある波長を中心として幅が数 nm（例えば 5 nm）の波長範囲にある光だけを取り出し，その光の量を測定するものである．人間の目には短波長，中波長，長波長の 3 種類のカラーセンサがあるが，それらは可視波長のうち青，緑，赤成分の大まかな情報を取り込んでいるだけである．一方，分光器はより細かく波長ごとの成分に分離するものである（図 12・3）．

図 12・4 に分光器の構成を示す．入射光を取り込む入射光学系，波長ごとの成

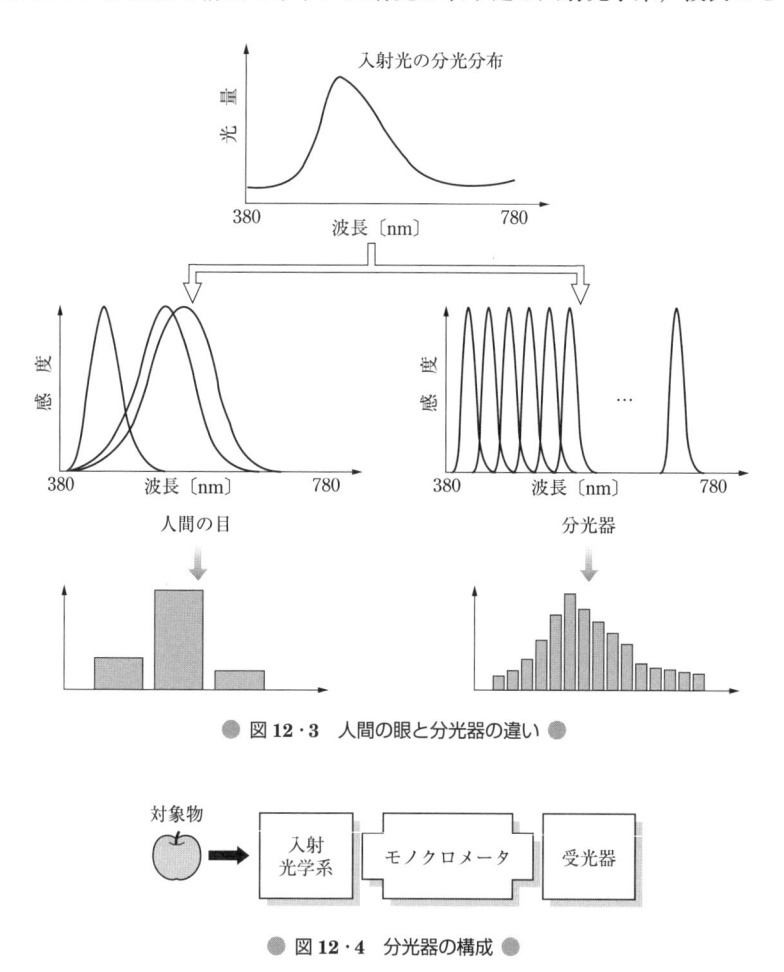

● 図 12・3　人間の眼と分光器の違い ●

● 図 12・4　分光器の構成 ●

分に分解するモノクロメータ，光のエネルギーを電気信号に変換する受光器から成る．

〔1〕 入射光学系

まず，測定対象である対象物からの光は**入射光学系**に入る．対象物の形状などによっては，対象物のどの場所で反射したかによって光の進む方向が異なる場合も多い．したがって，入射光学系はいろいろな方向から入ってきた光を，同じような割合で混ぜ合わせて，モノクロメータに入射させる役割を果たしている．代表的な入射光学系として**図 12·5**に示す積分球がある．これは中空の球の内面に波長によらず極めて反射率が高い物質（例えば硫酸バリウム）を塗布することで，さまざまな方向から入射する光を均一に混ぜ合わせてモノクロメータに導くことができる．

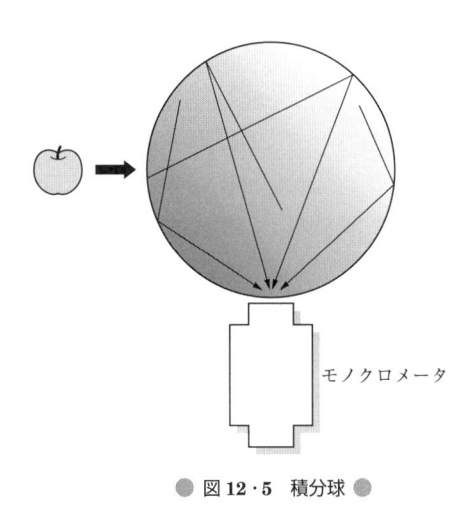

● 図 12·5 積分球 ●

〔2〕 モノクロメータ

入射光学系からの光は，**モノクロメータ**で波長ごとに分けられる．入射光を波長成分に分解する方法として最も知られている方法はプリズムを用いる方法である（**図 12·6**）．プリズムの材料であるガラスの屈折率は，波長が短いほど大きく，波長が長くなるに従って小さい．したがって，短波長光ほど大きく曲げられ，長波長はあまり曲がらないため，波長に依存して別の場所に投影されることになる．この原理を利用して，入射光を波長ごとに分解することができる．

● 図 12・6　プリズムによる分光 ●

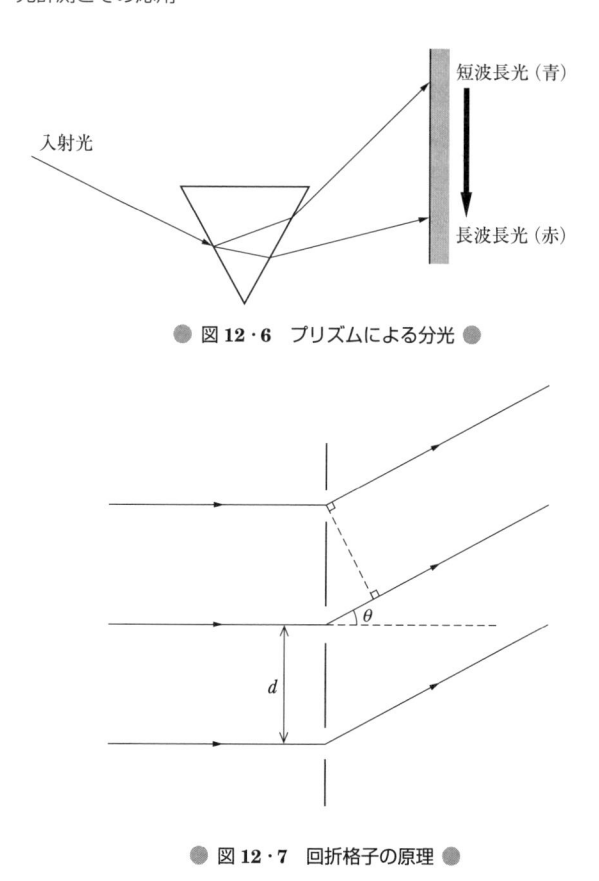

● 図 12・7　回折格子の原理 ●

　プリズム以外の分光装置としてよく用いられているものに回折格子がある．最も単純なものは，不透明の板に幅の狭い小さな縦長の穴（スリット）を周期的に多数開けたものである．この穴の幅が小さいと，**回折**と呼ばれる現象によって，穴を通過した光がいろいろな方向に広がっていく．このとき，**図 12・7** に示すように，隣り合った穴から出てきた光の光路差が，波長の整数倍となるときに，光を強め合うことになり，波長によって決まった方向にだけ進む．格子間隔を d，波長を λ，出射角を θ とすると，波長と角度の関係は，n を整数として次式で表される．

$$d \sin \theta = n\lambda \tag{12・3}$$

　したがって，波長ごとに決まる角度に応じて光を取り出すことで，入射光を分光することができる．

〔3〕 受光器

　受光器の役割は，モノクロメータによって分光された波長ごとの光量を電気信号に変換することである．また，モノクロメータからスリットと呼ばれるすき間によって，波長ごとに取り出された光は非常に弱いため，光電子増倍管やフォトダイオードなどの感度の高い素子が用いられることが多い．また，スリットの位置やプリズム，回折格子を回転させて取り出す波長を変えながら，波長ごとの光量を次々と計測する方法だけでなく，光検出器が直線状に並んだフォトダイオードアレイを使って，一度に分光分布を計測する方法もある（**図12·8**）．

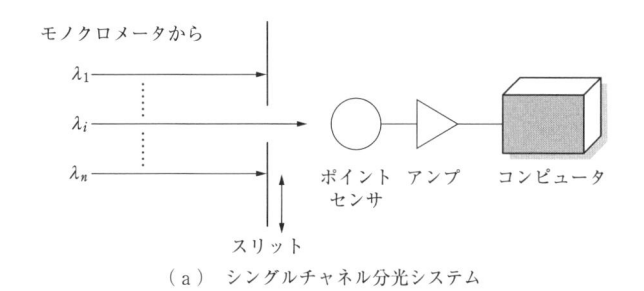

(a) シングルチャネル分光システム

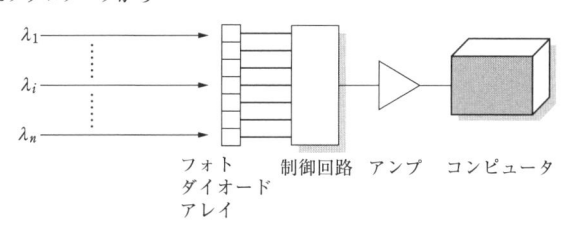

(b) マルチチャネル分光システム

● 図12·8　分光システム ●

3 目には見えない光（赤外光）について知ろう

　1800年に英国の天文学者ハーシェルによって可視波長380〜780 nmよりも長い波長の光が発見された．人間が感じられる最も長い波長が赤色に見えることから，それよりも長い波長の光という意味で一般に**赤外光**と呼ばれる．**図12·9**に示すように，赤外光は波長によってさらに分類され，通常，780〜3 000 nmの波長のものを近赤外（NIR, near-infrared）光，3 000 nm〜15 μmの範囲を

12章 光計測とその応用

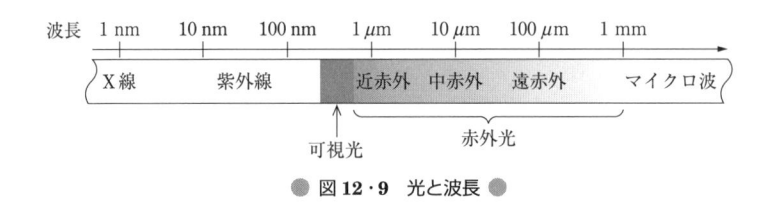

```
波長  1 nm    10 nm   100 nm   1 μm   10 μm   100 μm   1 mm
      ├────────┼────────┼────────┼───────┼────────┼────────┤
      〈  X線  │ 紫外線  │       │近赤外│中赤外│遠赤外│ マイクロ波 〉
                              可視光    赤外光
```

● 図 12・9 光と波長 ●

中赤外（MIR, mid-infrared）光，15 μm～1 mm を遠赤外（FIR, far-infrared）光と呼ぶ．1 mm よりも波長が長いものはマイクロ波となり，光ではなく電波に分類される．赤外光とは，人間が見ることができる可視光とマイクロ波という電波のちょうど間に属する電磁波である．

赤外光といえば，「赤外線こたつ」とか「赤外線ヒータ」などの言葉から，何か暖かいものという印象をもつことが多い．実際，特定の波長領域の赤外光は，物を加熱したり乾燥させたりする性質があるが，それは赤外光のごく一部の性質に過ぎない．波長が短い近赤外光は人間には見えないが光に近い性質をもち，波長の長い遠赤外光ほど性質は電波に近くなる．遠赤外光は容易に物質に吸収されて分子や結晶を振動させ，熱エネルギーに変えるため，暖房器具などに用いられる．赤外光は加熱以外にもさまざまな性質をもっており，以下のような応用がある．

〔1〕 温度計測

われわれの周りにあるどのような物体からも光が放射されている．例えば，物を燃やしたり，ニクロム線に電気を流して加熱すると発光するのは見覚えがあるだろう．温度が 500℃ 前後では赤みがかって，1 300℃ にもなると白く見える．温度が高くなるに従って，放射光の分光特性が変化し，また，放射される光エネルギーも強くなる．ただし，物体がどのような発光特性をもつかは，その物体の種類ではなく，温度だけで決まる．

図 12・10 に物体の温度と放射エネルギーの関係を示す．K は絶対温度の単位（ケルビン）であり，摂氏〔℃〕＝絶対温度〔K〕－ 273.15 の関係がある．温度が高くなるに従って，光の放射エネルギーは可視波長（0.38～0.78 μm）でも観測できるようになる．物を燃やして発光しているようすが見えるのはこのことによる．また，太陽の表面温度は 5 700℃ もあることから，非常に大きなエネルギーの可視光が放射されている．

一方，温度がそれほど高くない場合は，可視光のエネルギーが小さく，したが

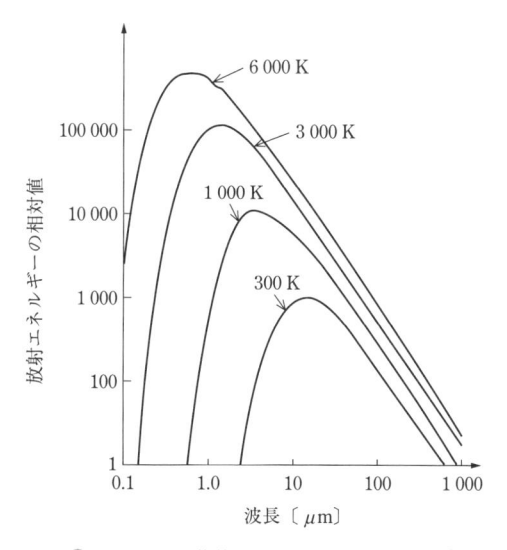

● 図 12・10　物体の温度と放射エネルギー ●

ってわれわれの目には見えない．しかし，赤外光は放射されており，例えば，室温（300 K）ではおよそ 10 μm，テンプラ油（500 K）では 6 μm あたりの波長でピークをもつような分光分布の光が放射されている．この赤外光をとらえれば，そこから逆に非接触で対象物の温度を計測することができる．この原理を応用したサーモグラフィは，中～遠赤外光に感度をもつイメージセンサを搭載しており，計測した赤外光量から対象物の表面温度を映像として可視化することができる．

〔2〕 **赤外線通信**

家電製品のリモコンや，最近ではノートパソコン，携帯電話などに，赤外線通信の機能が搭載されている．通信に用いられている赤外光は，波長が 1 000 nm までの近赤外光である．この波長範囲の光源として比較的安価な赤外 LED が利用できるため，急速に赤外線通信が普及している．

近赤外光は可視光と同様，直進性（指向性）が強く，通信相手の特定が容易であり，また通信に用いている光が人に見えないことから，高い秘匿性を維持できるという特徴がある．また，人体への影響はなく，安全性も高い．一方，赤外光を用いていることから，電波とは違い，遮へい物を回りこんで光は届かないため，比較的，近距離（～数 m）の通信手段として用いられる．

〔3〕 赤外カメラ

　赤外光が目に見えないことを利用して，近赤外光を照明光として用い，その波長帯域に感度をもつカメラで撮影すれば，被写体に気付かれることなく，夜間などでも撮影することが可能である．主に，防犯カメラとしての用途が主であり，赤外線通信と同様，高輝度赤外 LED 光源の出現により急速に普及している．

　また，可視光に比べて波長が長いため，物体を透過しやすい性質があることから，近赤外カメラで手のひらや指などの静脈パターンを読み取り，個人特定に用いる生体認証技術も開発されている．

4 近赤外光を用いた非破壊分析

　本章 1 節で述べたように，可視光がさまざまな波長で構成されているように，赤外光も分光分布をもっている．可視光における分光分布から対象物の色という性質を知ることができるように，赤外光の分光分布も対象物固有の情報を反映している．

　赤外光のなかで，特に近赤外光は，光としてはエネルギーが小さく，近赤外分光研究が本格的に始められた 1930 〜 1950 年代当初は，あまり積極的な評価が得られなかった．しかしながら，物体に吸収される量も遠赤外光に比べて少なく，対象へ与える影響が小さいことから，光を使った非破壊分析にとって，非常に望ましい性質を備えている．また，近年，近赤外光検出器の感度が著しく向上し，分光装置の機能・性能も飛躍的に発展したことから，今日では非破壊分析の有力な手段として**近赤外分光法**が認知されるようになった．

　物体に近赤外光を照射すると，それを構成している分子が光のエネルギーを吸収し，分子の振動エネルギーが増加する．したがって，物体を透過あるいは反射した光は，その分，エネルギーが減少していることになる．分子の種類によって，吸収する波長が異なるため，どの波長のエネルギーがどの程度吸収されたか，すなわち，式 (12・2) に示した分光吸光度を調べれば，その物体がどのような物質で構成されているのかを知ることができる．これが近赤外分光法の原理である．

　図 12・11 にさまざまな物質（食品）の分光吸光度を示す．一般に分光吸光度は図に示すように，いくつかのピークからなる複雑な形状をしており，それらピークの情報が，計測した対象がどのような物質から構成されているかを知る手がかりになる．例えば大豆の分光吸光度に見られる 1 900 nm，2 200 nm，2 350 nm

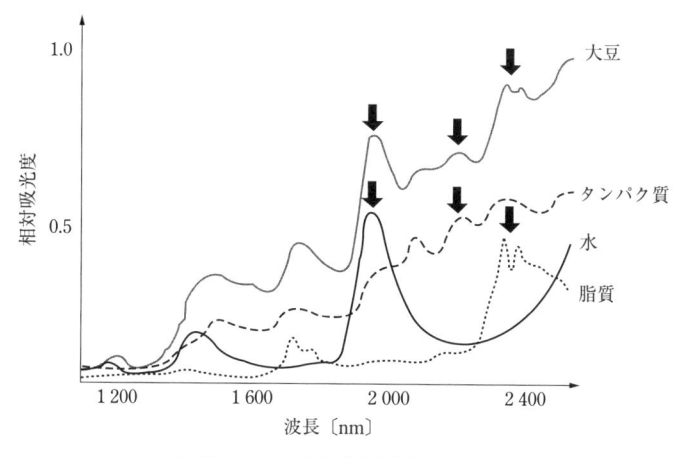

● 図12・11　さまざまな物質の分光吸光度 ●

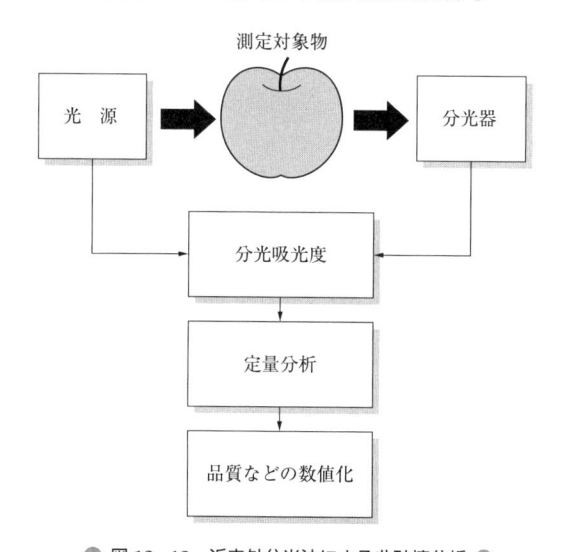

● 図12・12　近赤外分光法による非破壊分析 ●

付近のピークから，大豆には水，タンパク質，脂質が豊富に含まれていることを知ることができる．また，ピークの高さは構成物質の量に関係しており，乾燥させた大豆を計測すると，水のピークは低くなる．

図 **12・12** に近赤外分光法による非破壊分析の流れを示す．対象物に光源からの光を照射し，その反射光あるいは透過光について，本章2節で述べた方法と同様に分光分布を計測する．光源の光と比較し，計測した光のどの波長でどの程

度の吸収が生じているかを分光吸光度によって調べる．求めた分光吸光度と，計測した対象の品質，例えば水分量や，食品であれば甘さ（糖度）や新鮮さ（鮮度）の関係を表す数式を，これまでに計測したデータから統計的に導き，それに基づいて，対象物の品質を数値化する．

〔1〕 食品の品質検査への応用

近赤外分光法はそもそも穀物に対する分析に始まったことから，食品の品質検査に関する応用は非常に盛んである．小麦などの穀物のほか，タマネギ，トマトなどの野菜，メロン，モモ，ミカン，リンゴなどの果物の甘さ（糖度）や硬さ（硬度）を，近赤外光によって非破壊的に計測する装置が開発されている．

図 12・13 にメロンの糖度・熟度の非破壊測定器の例を示す．果物に光を照射する方法はさまざまあるが，この場合はドーナツ状の照射面から発光させ，その中央部で計測する．その際，皮の外から照射された光は，いったんメロン内部に到達し，散乱・吸収が起こった後，照射面中央部から出てくる．それを光ファイバで誘導した後，いくつかの重要な波長をフィルタによって抜き出し，それぞれの波長の光量から糖度と熟度を計算する．計算式は，それまでに蓄積した膨大な計測データから統計的に導いたものであり，一般に検量線と呼ばれている．

こうした近赤外光を用いた品質検査は，その他，牛乳や肉などの畜産物，飲料品，醤油などの調味料に至るまで，幅広い対象に適用されている．また，食品に限らず，木材や紙，繊維，土壌分析などにも応用され，その効果が確認されている．

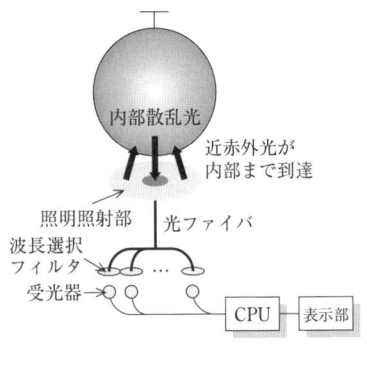

● 図 12・13　メロン糖度・熟度の非破壊測定器の原理 ●

〔2〕 近赤外光を使った脳活動計測

　近赤外光が物質を透過しやすいことを利用して，脳活動を頭皮上から非侵襲的に計測する装置が開発されている．この装置は近赤外光脳機能計測装置，または光トポグラフィと呼ばれ，1992年に初めて計測結果が発表された新しい技術である．

　神経活動が活発になると，酸素の消費量が増大するため，そこの場所の血流量が40～60％増加する．このとき，血液中で酸素を輸送しているヘモグロビンは，酸化（酸化ヘモグロビン），あるいは脱酸化（還元ヘモグロビン）する．**図12・14**に示すように，酸化ヘモグロビンと還元ヘモグロビンの近赤外光に対する分光吸収特性が大きく異なることを利用すれば，神経がどの程度，活動しているかを計測することができる．具体的には，酸化ヘモグロビンと還元ヘモグロビンの吸収特性が交差する波長（800 nm 付近）の前後で，ヘモグロビンの種類によって特性に違いがある二つの波長（図12・14 では 780, 830 nm）の半導体レーザが，計測に用いられる．

　計測は，**図12・15**に示すように，近赤外光を照射するプローブとそれを検出するプローブを対にして用いて行われる．光が脳内でどのような挙動を示すかについて，現在いろいろな解析が行われており，まだ明確なことはわかっていないが，およそ2cm程度，脳内部に入った場所に到達していると考えられる．

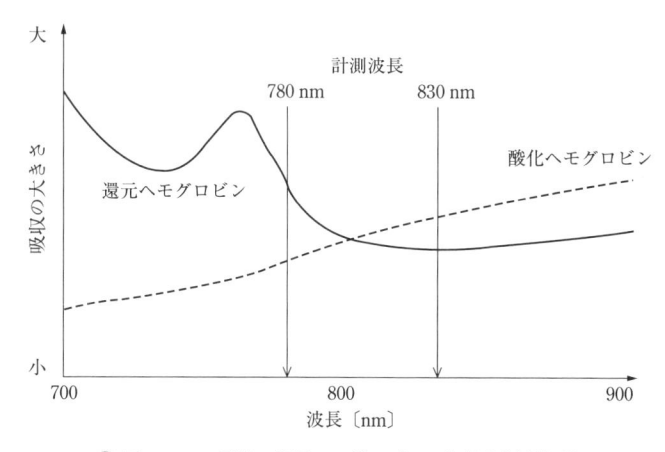

● 図12・14　酸化・還元ヘモグロビンの分光吸光特性 ●

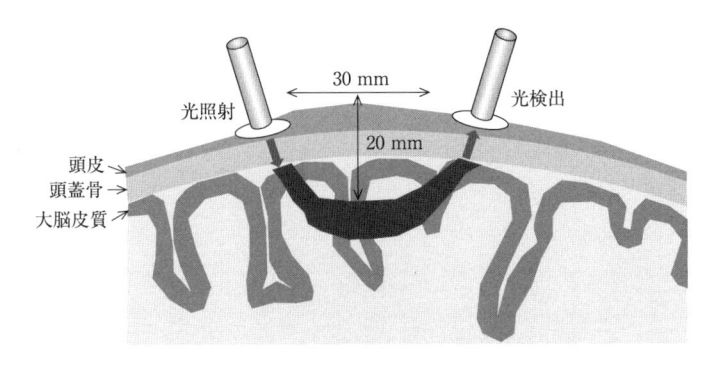

● 図 12・15　近赤外光による脳活動計測 ●

　こうしたプローブ対を，頭皮のさまざまな場所に装着すれば，色々な活動をしているときの脳全体の活動を計測することができる．脳活動の計測装置には，他にも磁気共鳴画像診断法（MRI），陽電子崩壊断層法（PET），脳磁気計（MEG），脳波（EFG）などがあるが，この方法は装置が比較的小さく，運ぶことができることから，さまざまな分野で応用が期待されている．また，非侵襲である近赤外光を使った方法は，人間を対象とした計測を可能とし，何か考え事をしているときや思い出しているときの脳活動，また乳幼児の脳活動との比較研究などから，脳内メカニズム解明に貢献する有力な計測手法として注目されている．

まとめ

　光はさまざまな波長成分から構成されており，それらを分離する分光技術は，計測対象のさまざまな性質を知るうえで，重要な役割を果たしていることを述べた．分光器は，さまざまな方向からの入射光をうまく混ぜ合わせ，プリズムあるいは回折格子を使って，波長成分に分離し，そして受光器によって電気信号に変換するものであった．
　赤外光は，人間には見えないこと，物体を透過しやすいことから，さまざまな分野に応用されていることを述べた．特に近赤外分光法は，物質固有の性質を反映した情報を知る強力な手法であり，食品などの非破壊分析や脳活動の計測にも応用されていることを説明した．
　光は歴史が始まって以来，人類が常に興味をもち続けた対象の一つであろう．光計測は非破壊的，非侵襲的であることが大きな特徴であり，今後も大きな発展が期待されている分野である．

演習問題

問 1 図 12·1 に示した太陽光と蛍光灯は，なぜ人間には同じように見えるのか，その理由を説明せよ．

問 2 虹は太陽光が分光された結果である．その原理を調べよ．

問 3 サーモグラフィに CCD イメージセンサは搭載されていない．その理由を説明せよ．

参 考 図 書

■ 2, 3章 ■
- [1] 廣瀬明：新・電気システム工学5 電気電子計測，数理工学社（2003）
- [2] 佐藤一郎：図解 電気計測，日本理工出版会（2001）
- [3] 桂井誠監修：ハンディブック 電気（改訂2版），オーム社（2005）

■ 4, 5, 6章 ■
- [1] 谷腰欣司：センサーのしくみ，電波新聞社（2004）
- [2] 西原主計：センシング入門，オーム社（2007）
- [3] 高橋清，小沼義治，國岡昭夫：センサ工学概論，朝倉書店（1988）

■ 8, 9章 ■
- [1] 喜田祐三，萩原吉宗，岩崎一彦：68000マイクロコンピュータ，丸善（1983）
- [2] 米田完，坪内孝司，大隅久：はじめてのロボット創造設計，講談社（2001）
- [3] 坪内孝司，大隅久，米田完：これならできるロボット創造設計，講談社（2007）
- [4] 浦昭二，市川照久：情報処理システム入門（第2版），サイエンス社（1998）
- [5] 初澤毅：メカトロニクス入門，培風館（2005）

■ 11章 ■
- [1] 田所嘉昭：インターユニバーシティ 計測・センサ工学，オーム社（2000）
- [2] 岩波保則：コンピュータサイエンス教科書シリーズ11 ディジタル通信，コロナ社（2007）
- [3] 末松安晴，伊賀健一：光ファイバ通信入門（改訂4版），オーム社（2006）
- [4] 小牧省三，間瀬憲一，松江英明，守倉正博：無線技術とその応用3 無線LANとユビキタスネットワーク，丸善（2004）

■ 12章 ■
- [1] 照明学会：光をはかる，日本理工出版会（1987）
- [2] 小川力，若木守明：光工学入門 －光の基礎知識のすべて，実教出版（1998）
- [3] 岩元睦夫，河野澄夫，魚住純：近赤外分光法入門，幸書房（1994）
- [4] 電子情報通信学会編，武田常広：電子情報通信レクチャーシリーズD-24 脳工学，コロナ社（2003）

演習問題解答

■ 1章 ■

問1 $R_1/R_2 = R_x/R_v$ より，$R_x = R_v(R_1/R_2)$．間接法，零位法，アナログ計測．

問2 ① 間違い（mistake）あるいは過失的誤差（faulty error），② 系統的誤差（systematic error），③ 偶然誤差（accidental error）

問3 $V_1 = \dfrac{R_1}{R_1+(R_2/\!/R_3)}E = \dfrac{1.65}{1.65+(1.05/\!/0.36)}\times 3.05 = 2.62\ \text{V}$

（$\alpha/\!/\beta$：α と β の並列抵抗）

問4 $\bar{x} = \dfrac{1}{n}\sum_{i=1}^{n}x_i = \dfrac{1}{10}\times 52.25 = 5.23\ \Omega$

あるいは仮の平均値 a を使用して

$\bar{x} = a + \dfrac{1}{n}\sum_{i=1}^{n}(x_i - a) = 5.00 + \dfrac{1}{10}\times 2.25 = 5.23\ \Omega$

$\sigma^2 = \dfrac{1}{n}\sum_{i=1}^{n}(x_i - \bar{x})^2 = 0.014\ 8\ \Omega^2,\ \ \sigma = 0.12\ \Omega$

問5 $\dfrac{\partial J(C)}{\partial C} = \sum_{i=1}^{8}2\left(x_i - C\sqrt{a}\,y_i\right)\left(-\sqrt{a}\,y_i\right) = 0\quad \therefore C = \dfrac{1}{\sqrt{a}}\dfrac{\sum_{i=1}^{8}x_iy_i}{\sum_{i=1}^{8}y_i^2}$

$\sum_{i=1}^{8}x_iy_i = 13.50,\ \ C = \dfrac{1}{\sqrt{\pi/4}}\dfrac{13.50}{22.26} = 0.684$

問6 m, kg, s, A, K, mol, cd, T = 10^{12}, h = 10^2, da = 10, d = 10^{-1}, n = 10^{-9}, f = 10^{-15}

問7 ① 人間以外で 100 kg の体重計で計れるものを代用する．
② 人間側に滑車を利用して，少人数で計れるようにする．

■ 2章 ■

問1 偏位法は，測定器の針などを振らせて，その振れ（偏位）の度合いから測定値を読み取る方法である．指示が直感的にわかりやすく，すばやく測定できる反面，環境の変化の影響を受けやすく，慎重に校正することが必要である．零位法は二つの量のバランスをとって指針を 0 にしていく測定法である．測定に時間を要することが多いが，被測定物と参照されるものが同じ環境におかれているので，精度が高く環境変動に強い．

問2 抵抗 r がもつコンダクタンスは $1/r$ で，抵抗 r と R を並列に接続したときのコンダクタンスは $(1/r + 1/R)$ であるから，回路全体に流れる電流の合計 I と

電流計を流れる電流 I_0 との比はコンダクタンスの比に等しい．よって

$$\frac{I}{I_0} = \frac{1/r + 1/R}{1/r}$$

これより

$$I = \frac{1/r + 1/R}{1/r} I_0 = \left(1 + \frac{r}{R}\right) I_0$$

が導かれる．

問 3 電流計の測定範囲を広げるためには分流器を使用する．ここでは測定範囲を10倍に広げたいので，式 (2·5) は

$$\frac{I}{I_0} = 1 + \frac{r}{R} = 10$$

のように変形できる．これより $R = r/9$ であるから，$5\,\mathrm{m\Omega}$ の抵抗器を使用すればよい．

問 4 電圧計の測定範囲を広げるためには分圧器（倍率器）を使用する．ここでは測定範囲を10倍に広げたいので，式 (2·7) は

$$\frac{V}{V_0} = 1 + \frac{R}{r} = 10$$

のように変形できる．これより $R = 9r$ であるから，$90\,\mathrm{k\Omega}$ の抵抗器を使用すればよい．

問 5 電池の内部抵抗を r，電流を流さないときの端子電圧を E とすると，並列抵抗がないときには $I_1 = 1.4\,\mathrm{V}/140\,\Omega = 10\,\mathrm{mA}$ の電流が流れる．$56\,\Omega$ の抵抗を接続すると，外部回路の合成抵抗は $(1/56 + 1/140)^{-1} = 40\,\Omega$ となり，このときには $I_2 = 1.2\,\mathrm{V}/40\,\Omega = 30\,\mathrm{mA}$ の電流が流れる．それぞれの指示電圧を V_1 および V_2 とすると

$$E - I_1 r = V_1$$
$$E - I_2 r = V_2$$

より

$$r = \frac{V_1 - V_2}{I_2 - I_1}$$

であるから，$r = 10\,\Omega$，$E = 1.50\,\mathrm{V}$ が得られる．

問 6 式 (2·18) をそのまま適用すればよい．$R_3 = 150\,\mathrm{k\Omega}$．

3章

問 1 尖頭値（ピーク値）は $141\,\mathrm{V}$．平均値は $0\,\mathrm{V}$．絶対値平均は $90.0\,\mathrm{V}$．

問 2 相電流 i_1，i_2 と線間電圧 v_1，v_2 を測定しているとする．力率が1であれば v_{13}

と i_1, v_{23} と i_2 の間にはそれぞれ 30°の位相差がある．力率角が φ とすると

$$p_1 = v_1 i_1 \cos(30° - \varphi)$$
$$p_2 = v_2 i_2 \cos(30° + \varphi)$$

となっているので，φ が $-60°$ または $60°$ であればどちらかの電力が 0 となる．

問3 式 (3・20) より，$R_x = 250\,\Omega$, $C_x = 1\,\mu\mathrm{F}$. 式 (3・21) より $D_x = 1.57$.

■ 4章 ■

問1 電子が曲げられる y 方向のローレンツ力を F_y とすると

$$F_y = -eB_z v_x \qquad ①$$

一方，y 方向電界 E_y により電荷に働く力（クーロン力）は

$$F_y' = -eE_y \qquad ②$$

式①と式②が等しいとおくことにより

$$E_y = B_z v_x$$

問2 オペアンプを使った増幅回路の利点は以下のようである．

① 増幅度が外付けの抵抗で正確に決まる．

② 入力インピーダンスは非反転入力端子では特に高いので，非反転増幅回路を用いることにより，センサの素子のインピーダンスの大きさにかかわらず，素子の電圧を正確に増幅できる．

③ 入力および出力オフセット電圧が小さい．

④ 出力インピーダンスは小さいので後段の信号処理回路の設計の自由度が大きい．

⑤ 差動増幅回路では，センサを通じてオペアンプの反転と非反転の端子に同じ位相で入ってくる同相ノイズ成分，つまり雰囲気の温度変動や振動などを除去することができる

以上のような理由によりセンサ出力信号が微弱である場合でも，オペアンプを利用した増幅回路，特に差動増幅回路を利用する場合に，正確に信号を増幅できる．なお，差動増幅回路の入力インピーダンスを高めるために入力段に非反転増幅回路を加えた計装用の差動増幅器回路は専用で IC 化されている．

問3 反転端子の電圧を v_2 と表すと次式が成り立つ．

$$-v_2/R_1 + (v_o - v_2)/R_2 = 0 \qquad ①$$

上式に $v_2 = v_3 = v_i$ を代入して

$$v_o = v_i + (R_2/R_1)v_i = \{1 + (R_2/R_1)\}v_i \qquad ②$$

増幅度 $A_f = v_o/v_i = 1 + (R_2/R_1)$

問4 端子間の電圧 V は次式となる

$$V = \{R_2/(R_1+R_2) - R_4/(R_3+R_4)\}E$$
$$= \frac{R_2(R_3+R_4) - R_4(R_1+R_2)}{(R_1+R_2)(R_3+R_4)}E$$

ここで $R_1 = R_0 + \Delta R$ および $R_3 R_2 = R_4 R_0$ として

$$V = \frac{-R_4 \Delta R}{(R_1+R_2)(R_3+R_4)}E$$

問5 図で $R_b/R_a = 10$ とする．ただし，$R_a \gg R_2$, $R_b \gg R_4$ が必要．

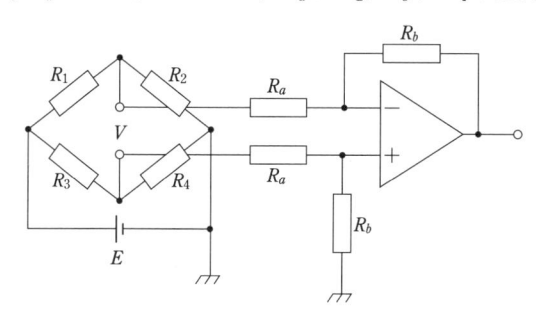

5章

問1 $mv^2/r = qvB$ より $r = (m/q)(v/B)$．ここで，q は電子がもつ電荷の大きさ（絶対値），m は電子の質量．したがって次の式が成り立つ．

$$r \propto B^{-1} \qquad ①$$
$$\phi \propto B \qquad ②$$

また，ϕ が小さいとき三次の項までのテーラー展開より，λ_e は

$$\lambda_e \fallingdotseq r\phi\{1-(\phi^2/24)\} \qquad ③$$

抵抗率の変化率は

$$\Delta\rho/\rho_0 = (\rho_B - \rho_0)/\rho_0$$
$$= (1/\lambda_e - 1/\lambda)/(1/\lambda) \qquad ④$$

式④に，式③と $\lambda = r\phi$ を代入することにより

$$\Delta\rho/\rho_0 \fallingdotseq \phi^2/24 \qquad ⑤$$

式⑤と式②を比べることにより

$$\Delta\rho/\rho_0 \propto B^2$$

問2 (1) V_{ab} が 0 となるのはブリッジのバランスが取れているときである．したがって，$R_0 R_2 = R_1 R_V$ が成り立つので，$R_V = R_0 R_2/R_1$．

(2) 照度が 0 のときにブリッジのバランスを取ったとする．このとき光照射による出力 V_{ab} は，次式により光電セルの抵抗の変化 ΔR に比例する（4章式(4·7)と同様）．

$$V_{ab} = \frac{-\Delta R R_2 E}{(R_{\mathrm{CdS}} + R_1)(R_V + R_2)}$$

上式より E が変動しても抵抗値の変動 ΔR が 0 ならば，V_{ab} は 0 となることがわかる．一方で，図 5·6 (b) の分圧回路では出力 v_o が抵抗値の変動よりも直接 E に比例しているため，電源電圧の変動の影響を受けやすい．

(3) 光量が小さい場合の抵抗値 R_{CdS} は $10\,\mathrm{k\Omega}$ 程度と比較的大きい．このため，R_{CdS} に並列に抵抗を入れるとセンサ回路の出力インピーダンスが下がるため後段の回路の設計が容易となる．また，光量により抵抗の変化の大きい光電セルの場合，R_{CdS} に並列に抵抗を入れた方が，V_{ab} と抵抗値の変化 ΔR が比例した直線的な出力特性が得られる．

問 3 フォトダイオードは素子の抵抗が変化するタイプではなく，光の照射により起電力が生ずるタイプである．抵抗ブリッジ回路では，光照射によってフォトダイオードから発生する電流を検出するのが基本である．フォトダイオードのオペアンプを組み合わせた電流検出回路は図のようである．

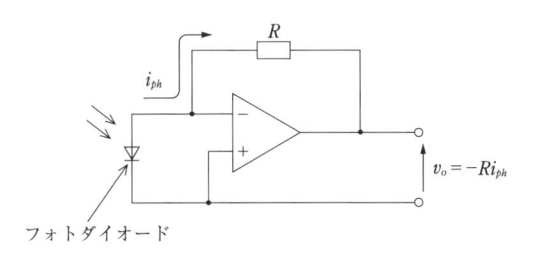

6 章

問 1 (1) $(L + \Delta L)\pi(r - \Delta r)^2 = L\pi r^2$ より
$(L + \Delta L)(r^2 - 2\Delta r r) \fallingdotseq L r^2$
$r\Delta L - 2\Delta r L \fallingdotseq 0$ (6・10)

(2) 変形前の円柱の長さを L，断面積を S，および張力を加えて変形した円柱の長さを L' および S' とする．$\Delta R = \rho\{(L'/S') - (L/S)\}$ より

 $\Delta R/R = (L'/L)\cdot(S/S') - 1$ ①
 $L'/L = 1 + \Delta L/L$ ②
 $S/S' = r^2/(r - \Delta r)^2 \fallingdotseq 1 + 2\Delta r/r$ ③

式①に式②と式③を代入することにより
 $\Delta R/R = \Delta L/L + 2\Delta r/r$ (6・11)

(3) 式 (6·11) に式 (6·10) を代入すると $\Delta R/R \fallingdotseq 2\Delta L/L$
 ゲージ率 $G = (\Delta R/R)/(\Delta L/L) \fallingdotseq 2$

問2 ひずみゲージを利用して測定できる力学量は，微小変位，圧力（力），加速度など．また加速度を積分すれば速度も求められる．

問3 半導体のピエゾ抵抗効果はひずみにより導電率が変化する現象であり，ひずみによる導電率の変化が，金属ゲージにおける形状効果を利用した抵抗の変化より非常に大きいため．

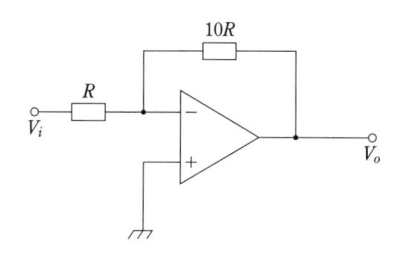

7章
問1

（オペアンプ反転増幅回路：入力抵抗 R，帰還抵抗 $10R$，入力 V_i，出力 V_o）

問2 1000101011

問3 7章3節〔1〕項を参照されたい．

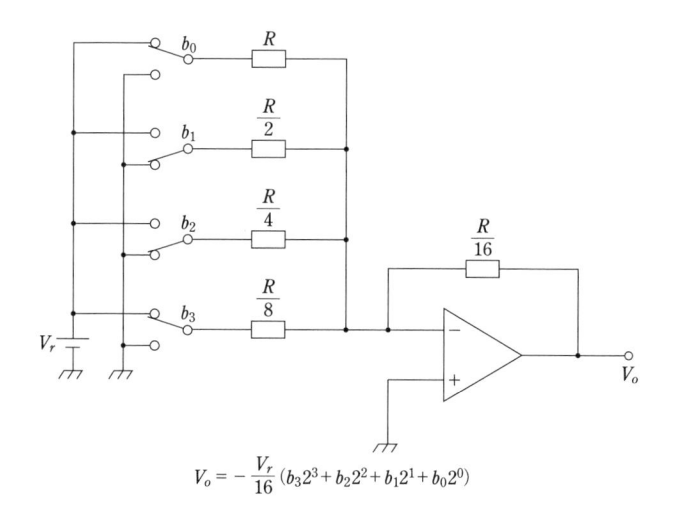

（4bit D/A変換回路：スイッチ b_0, b_1, b_2, b_3，抵抗 $R, R/2, R/4, R/8$，帰還抵抗 $R/16$，基準電圧 V_r，出力 V_o）

$$V_o = -\frac{V_r}{16}(b_3 2^3 + b_2 2^2 + b_1 2^1 + b_0 2^0)$$

問4 $V_r = 5\,\text{V}$, $V_i = 4.1\,\text{V}$

① $b_3 = 1$ にセット → $V_o = \dfrac{5}{2} = 2.5\,\text{V} \to V_i > V_o \to b_3 = 1$ に決定

② $b_2 = 1$ にセット → $V_o = \left(\dfrac{1}{2} + \dfrac{1}{2^2}\right) \times 5 = 3.75\,\text{V} \to V_i > V_o \to b_2 = 1$ に決定

③ $b_1 = 1$ にセット → $V_o = \left(\dfrac{1}{2} + \dfrac{1}{2^2} + \dfrac{1}{2^3}\right) \times 5 = 4.375 \text{ V} \rightarrow V_i < V_o \rightarrow b_1 = 0$ に決定

④ $b_0 = 1$ にセット → $V_o = \left(\dfrac{1}{2} + \dfrac{1}{2^2} + \dfrac{1}{2^4}\right) \times 5 = 4.0625 \text{ V} \rightarrow V_i > V_o \rightarrow b_0 = 1$ に決定

問5 7章4節〔3〕項を参照されたい.

■ 8章 ■

問1 例えば,Pentium(Intel 社)などがある.

問2 $A_0 \sim A_2$ を外部デバイスに,$A_3 \sim A_5$ をデコーダの A,B,C 端子に,A_6 を NOT 回路を通したものと A_7 を,それぞれデコーダの G_1 端子,G_{2A} 端子に接続,G_{2B} 端子は接地.デコーダの出力 Y_1 を外部デバイスの CE 端子に接続.

問3 ポーリング方式はプログラムが簡単だが,CPU の利用効率が悪い.割込み方式は,プログラムがやや面倒だが,CPU の利用効率が高い.

問4 データの伝送,記録が高速であり,複雑な処理内容の実現やその変更が容易.

■ 9章 ■

問1 例えば,エアコン(温度センサとモータ),エレベータ(エンコーダなどによる位置検出とモータや油圧装置による駆動)などがある.

問2 ステッピングモータは回転角の計測が不要で実装が簡単だが,過負荷時の同期はずれや低速時の振動などの問題が生じる可能性がある.エンコーダ付 DC モータでは,カウンタ回路やドライバ回路などが必要となるが,回転角を正確に測るので精密な制御ができる.また,対象に応じてモータ出力などを柔軟に変更することができる.

問3 割込みルーチン内で,現在位置と目標位置の読込み,制御量の計算と出力を行う.main 関数ではロボットが目的位置に達したかどうかだけをチェックするループを回す.

問4 関節数が増えることにより処理時間が増え,フィードバックのサイクルタイムが長くなるので,制御系が損なわれないように気を付ける必要がある.また,多関節形ロボットでは,手先位置の目標位置・姿勢から各関節の目標角度の計算(逆運動学)や滑らかに動かすための軌道の生成に時間がかかるので,その点も考慮する必要がある.

問5 例えば,PIC(Microchip 社),H8(ルネサステクノロジ社)などがある.

10章

問1 10章1節〔1〕項「電流-電圧変換，抵抗-直流電圧変換」を参照されたい．

問2 オシロスコープは，ブラウン管と入力信号を増幅する垂直増幅回路，波形を時間軸方向に振らせる水平掃引信号発生器，水平増幅器などから構成される．

　　　ブラウン管はヒータとカソードをもつ電子銃で電子をつくり，この電子を加速して蛍光面に衝突させ，発光させる．この電子の進む経路の途中には垂直偏向板と水平偏向板がある．垂直偏向板に入力信号を増幅した適当な大きさの電圧を加える．すると電子ビームが垂直方向に偏向され移動する．また水平偏向板には，のこぎり波の電圧を加えることにより水平方向に偏向し時間軸として波形が移動する．この垂直偏向と水平偏向の繰返しにより入力の波形が表示される．この水平方向の，のこぎり波は入力信号よりトリガ回路，同期回路によってつくられる．入力信号が繰返し波形の場合，入力信号の決まったポイントから水平の掃引を開始（のこぎり波を開始）することにより入力信号の波形を静止して見ることができる．

問3 AC-GND-DCの切換機能をGNDにして，まず接地電位の位置を定める．このときの掃引はAUTOにしておく．この接地電位を示す輝線を位置調整（POSITION）で適当な位置にする．DC成分を含んだAC波形全体を見るときは，AC-GND-DCをDCに切り換えて波形を測定する．

問4 アナログオシロスコープは波形を直接ブラウン管上に表示する．そのため繰返し波形を表示することはできるが，単発現象を表示するのは困難である．

　　　ディジタルオシロスコープは入力信号をサンプリングし，その値をA-D変換してディジタル量としてメモリに記憶しておき，マイクロプロセッサにより処理を行い表示する．そのため，繰返し現象のみならず，単発現象も表示できる．

問5 基本的には，各チャンネルの入力が，設定したロジックのパターン（"0"，"1"の組合せ）と一致したときトリガがかかり，その前後の波形を記録表示する．

問6 10章3節〔2〕項「原理」を参照されたい．

11章

問1 最高周波数の2倍は40 kHz，10％の余裕をみると標本化周波数は $40 \times 1.1 = 44$ kHz となる．したがって，$\Delta t = 1/f_s = 1/44\,000$ s．ビット速度は，$R = n \times f_s = 16$〔ビット/サンプル〕$\times 44\,000$〔サンプル/s〕$= 704$ kbps となる．これは音楽CD用PCM録音のビット速度である．

問2 同期通信式では，送信側から送られたクロックパルスに同期して受信側で0，1の判定を行う．非同期通信式では，送信側からデータが送られるごとに受信側で同期を確立して0，1の判定を行う．非同期通信式として，RS232C規格で用

問3 64QAM 方式では 64 個の信号を用い，$64 = 2^6$ であるので 1 信号当たり 6 ビットの同時伝送ができる．1 信号長が $T = 1 \times 10^{-6}$ s であるので，1 s 当たりのビット速度は $R = 6 \times 10^6 = 6$ Mbps となる．

問4 BPSK 変調の場合を例に取ると，1 ビットの受信エネルギーは $E_b = A^2 T/2$ である．ただし，A は BPSK 信号の振幅，T は 1 ビット長であり，N_0 は白色ガウス雑音の電力スペクトル密度〔W/Hz〕である．ここで，$E_b/N_0 = (A^2 T/2)/N_0 = (A^2/2)/(N_0/T) = S/N$．したがって，$E_b/N_0$ は受信信号電力 $S = A^2/2$ と $1/T$〔Hz〕当たりの雑音電力 $N = N_0/T$ の比であり，受信の SN 比（信号電力対雑音電力比）といえる．

問5 OFDM 変調方式は，数十〜数千のサブキャリヤ信号を周波数軸上に多重化（FDM）して配置する．各サブキャリヤのスペクトルは互いに重なっているが，直交周波数間隔 $1/T$〔Hz〕で配置され，互いに干渉しない．ただし，T は 1 信号長〔s〕である．各サブキャリヤは狭帯域信号であり，受信レベルの強弱は生じるが，通信路の周波数特性の形の影響は受けない．よって OFDM 信号全体も影響を受けない．通信路の周波数特性は，マルチパス伝搬の遅延波によって引き起こされるので，OFDM 変調はゴーストに強い方式といえる．

12 章

問1 人間の目には赤，緑，青の 3 種類のカラーセンサしかなく，それらの応答が同じになってしまうと，たとえ分光分布が異なる光であっても，区別できないため．

問2 虹は空気中の雨滴による屈折で分光されたものである．プリズムと同様に，波長の短い光は大きく屈折し，長い赤色は曲がり方が小さい．虹が常に下側が赤色に見えるのはそのためである（右図参照）．

問3 サーモグラフィは中〜遠赤外光に感度をもったイメージセンサでなければならないが，CCD はおよそ 900〜1 000 nm までしか感度がないため，物体からの赤外光放射をとらえることができない．

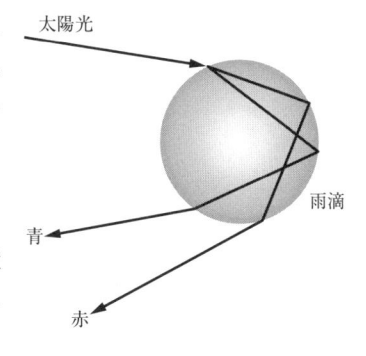

索　引

▶▶ 英 数 字 ◀◀

ACK　　129
A-D 変換　　77, 80
ARQ　　129

BCH 符号　　130
bit　　78
BPSK　　126

CCD センサ　　97
CPU　　85
CRC 符号　　130
CSMA/CD　　124

D-A 変換　　77
dB　　14
DMA　　92
DPSK　　126

FEC　　129
FFT　　117
FFT アナライザ　　116
FSK　　127

H ブリッジ　　99

IEEE1394　　93
ISI　　120

MIMO-OFDM　　128
MSK　　127

NAK　　129

OFDM　　128

PCM　　119
PSK　　126
PWM 制御　　100

QAM　　127
QPSK　　126

RS 符号　　130
RS232C　　122

SI 単位系　　16

Time of flight 方式　　98

USB　　93, 123

ZigBee　　129

2 進数　　77
3 ステートバス　　87
10 進数　　77

▶▶ ア　行 ◀◀

アイパターン　　120
アクチュエータ　　95
圧　力　　65
アドレス　　86
アドレスデコーダ　　87

索　引

ア行

アドレスバス　86
アナログオシロスコープ　110
アナログ計測　11
アナログ・ディジタル変換　77

イーサネット　124

エンコーダ　96
演算増幅器　75

オシロスコープ　110
オペアンプ　49, 75
重み付き加算方式　78

カ行

外界センサ　96
回折格子　136
確度　13
加速度　70
可動コイル形電流計　21
可動鉄片形電流計　34
間接法　9

キャリヤ　56
距離センサ　98
近赤外分光法　140

偶然誤差　12
クラッド　121

計測　1
系統的誤差　12
計量　1
ゲージ率　66
現実の電流計　23

コア　121
高速フーリエ変換　117
光電効果　48
光導電セル　58
交流ブリッジ回路　40
誤差　12
コリオリ力　73

サ行

最小二乗法　16
再生中継　121
差動増幅回路　51
差動トランス　69
サーミスタ　62
サンプリングモード　115

磁界　56
視覚センサ　97
磁気抵抗効果　48
磁気抵抗素子　57
指示計器　21
システムバス　86
ジャイロスコープ　73
受光器　137
瞬時値　32
瞬時電力　36
シリアルインタフェース　93

スイッチングハブ　125
ステッピングモータ　100
ステート表示　114
ストアドプログラム方式　85

制御ソフトウェア　102
静電容量形圧力センサ　67
整流形電流計　33

157

索　引

赤外光　137
積算電力計　39
ゼーベック効果　46
センサ　44, 95
尖頭値　32

測　定　1
速　度　71

▶▶ タ　行 ◀◀

ダイアフラム　65
タイマ割込み　103
タイミングチャート　88
タイミング表示　114
タコジェネレータ　71

逐次比較形　82
調歩同期　123
直接法　9
直流モータ　99

ディジタル・アナログ変換　77
ディジタルオシロスコープ　112
ディジタル画像　98
ディジタル計測　11
ディジタル計測制御システム　85
ディジタルスペクトラムアナライザ　116
ディジタルマルチメータ　106
デシベル　14
テスタ　27
データバス　86
デューティ比　100
電圧降下法　26
電　界　54
電気光学効果　55

電流力計形計器　35

等　化　120
等化増幅識別再生　120
同期検波　126
同期サンプリング　114
同期通信　90, 123
ドップラー効果　72
トリガ方式　111
トレーサビリティ　13

▶▶ ナ　行 ◀◀

内界センサ　96
内部抵抗　23

二重積分形　80

熱電形計器　38
熱電対　61

▶▶ ハ　行 ◀◀

倍率器　26
はしご形 R-$2R$ 方式　78
バスサイクル　88
波　長　132
パラレルインタフェース　93
パルス符号変調　119
反転増幅回路　50
半導体圧力センサ　66
ハンドシェイク　90

ピエゾ抵抗効果　47
光パルス変調　121
光ファイバ　121
ピーク値　32
ひずみゲージ　65

索引

ビット　78
非同期サンプリング　114
非同期通信　90, 123
非反転増幅回路　50

フィードバックシステム　95
フォトダイオード　59
フォトトランジスタ　60
符号間干渉　119
プリズム　135
ブリッジ回路　52
分圧器　26
分　光　132
分光器　134
分光吸光度　133
分光反射率　133
分光分布　132
分　散　15
分流器　24

平均値　15
並列比較形　83
偏位法　10, 20
変調指数　127

ポート　86
ポーリング方式　90
ホール効果　47
ホール素子　53
ボルテージフォロワ回路　76

▶ マ行・ヤ行 ◀

間違い　12

無線 LAN　128
無線 PAN　128

メモリ　85

モノクロメータ　135

有効数字　14
ユニバーサルカウンタ　108

▶ ラ行・ワ行 ◀

ライン符号　119
ラッチモード　115

理想の電流計　23

ルータ　125

零位法　10, 21

レジスタ　90

ロジックアナライザ　113
ロータリエンコーダ　68
ロボット　95
ロボット制御系　101

ワイヤレスセンサネットワーク　128
割込み　91
割込みベクタテーブル　91
ワンチップマイコン　103

〈編著者・著者略歴〉

田所 嘉昭（たどころ　よしあき）
1967 年　東北大学工学部電子工学科卒業
1976 年　工学博士
現　在　豊橋技術科学大学名誉教授

穂積 直裕（ほずみ　なおひろ）
1983 年　早稲田大学大学院博士前期課程修了
1990 年　工学博士
現　在　愛知工業大学工学部電気学科電気工学
　　　　専攻教授

内山 剛（うちやま　つよし）
1985 年　名古屋大学工学部金属鉄鋼工学科卒業
1988 年　工学博士
現　在　名古屋大学大学院工学研究科電子情報
　　　　システム専攻准教授

齋藤 努（さいとう　つとむ）
1978 年　東北大学大学院工学研究科博士前期課
　　　　程修了
2006 年　博士（工学）
現　在　豊田工業高等専門学校名誉教授

三浦 純（みうら　じゅん）
1984 年　東京大学工学部機械工学科卒業
1989 年　工学博士
現　在　豊橋技術科学大学情報工学系教授

岩波 保則（いわなみ　やすのり）
1976 年　名古屋工業大学工学部電気工学科卒業
1981 年　工学博士
現　在　名古屋工業大学名誉教授

中内 茂樹（なかうち　しげき）
1993 年　豊橋技術科学大学大学院工学研究科博
　　　　士後期課程修了
1993 年　博士（工学）
現　在　豊橋技術科学大学情報工学系教授

- 本書の内容に関する質問は，オーム社ホームページの「サポート」から，「お問合せ」の「書籍に関するお問合せ」をご参照いただくか，または書状にてオーム社編集局宛にお願いします．お受けできる質問は本書で紹介した内容に限らせていただきます．なお，電話での質問にはお答えできませんので，あらかじめご了承ください．
- 万一，落丁・乱丁の場合は，送料当社負担でお取替えいたします．当社販売課宛にお送りください．
- 本書の一部の複写複製を希望される場合は，本書扉裏を参照してください．
  JCOPY ＜出版者著作権管理機構 委託出版物＞

新インターユニバーシティ
電気・電子計測

2008 年 9 月 15 日　第 1 版第 1 刷発行
2024 年 9 月 10 日　第 1 版第 16 刷発行

編 著 者　田所嘉昭
発 行 者　村上和夫
発 行 所　株式会社 オーム社
　　　　　郵便番号　101-8460
　　　　　東京都千代田区神田錦町 3-1
　　　　　電話　03(3233)0641（代表）
　　　　　URL　https://www.ohmsha.co.jp/

© 田所嘉昭 2008

組版　徳保企画　印刷　広済堂ネクスト　製本　協栄製本
ISBN978-4-274-20593-4　Printed in Japan

● **SI 補助単位** ●

量	名称	記号
立体角	ステラジアン	sr
平面角	ラジアン	rad

● **SI と併用される単位** ●

名称	記号	SI単位での値
日	d	$1\,\text{d} = 24\,\text{h} = 86\,400\,\text{s}$
時	h	$1\,\text{h} = 60\,\text{min} = 3\,600\,\text{s}$
分	min	$1\,\text{min} = 60\,\text{s}$
度	°	$1° = (\pi/180)\,\text{rad}$
分	′	$1′ = (1/60)° = (\pi/10\,800)\,\text{rad}$
秒	″	$1″ = (1/60)′ = (\pi/648\,000)\,\text{rad}$
トン	t	$1\,\text{t} = 10^3\,\text{kg}$
リットル	l	$1\,l = 1\,\text{dm}^3 = 10^{-3}\,\text{m}^3$

● **固有の名称をもつ SI 組立単位** ●

量	単位の名称	単位記号	定義
電気量，電荷	クーロン	C	$A \cdot s$
電圧，電位	ボルト	V	W/A
静電容量	ファラド	F	C/V
電気抵抗	オーム	Ω	V/A
コンダクタンス	ジーメンス	S	A/V
磁束	ウェーバ	Wb	$V \cdot s$
磁束密度	テスラ	T	Wb/m^2
インダクタンス	ヘンリー	H	Wb/A
力	ニュートン	N	$kg \cdot m/s^2$
圧力，応力	パスカル	Pa	N/m^2
エネルギー，仕事，熱量	ジュール	J	$N \cdot m$
工率，放射束	ワット	W	J/s
光束	ルーメン	lm	$cd \cdot sr$
照度	ルクス	lx	lm/m^2
放射能	ベクレル	Bq	s^{-1}
吸収線量	グレイ	Gy	J/kg
周波数	ヘルツ	Hz	s^{-1}

● **基本単位および補助単位を用いて表される SI 組立単位の例** ●

量	単位の名称	単位記号
面積	平方メートル	m^2
体積	立方メートル	m^3
磁界の強さ	アンペア毎メートル	A/m
電流密度	アンペア毎平方メートル	A/m^2
密度	キログラム毎立方メートル	kg/m^3
(物質量の) 濃度	モル毎立方メートル	mol/m^3
比体積	立方メートル毎キログラム	m^3/kg
速さ	メートル毎秒	m/s
加速度	メートル毎秒毎秒	m/s^2
波数	毎メートル	m^{-1}
角速度	ラジアン毎秒	rad/s
角加速度	ラジアン毎秒毎秒	rad/s^2
輝度	カンデラ毎平方メートル	cd/m^2